Werner Schollenberger

Automobile

in den 30er Jahren

Aufnahmen aus dem berühmten Bildarchiv

Dr. Paul Wolff & Tritschler

Impressum

Titel: Am 8. Juli 1936 wurde der neue „Flug- und Luftschiffhafen Rhein-Main" in Frankfurt am Main mit der Landung einer Ju 52/3m („Tante Ju") feierlich eröffnet, und nur wenige Tage später, am 14. Juli 1936, landete hier mit LZ 127 „Graf Zeppelin" erstmals ein Luftschiff. Schönheit und Eleganz spiegeln sich in dieser Gegenüberstellung (1540/178).

Rücktitel oben links: Wie heute die Ampeln, regulierten viele Jahre lang Polizisten den fließenden Verkehr an Kreuzungen, hier ebenfalls in den dreißiger Jahren in Frankfurt am Main. Ihr Vorteil war, dass sie das Verkehrsaufkommen im Auge hatten und sich entsprechend lange in die eine oder andere Richtung drehen konnten (1719/217).

Rücktitel oben rechts: Anzeige der Stoewer-Werke in Stettin anlässliche der Deutschen Automobil-Ausstellung 1925 in Berlin.

Rücktitel unten rechts: Die vier Marken Horch, Audi, DKW und Wanderer fusionierten 1932 zur Auto Union AG, wobei die vier Marken innerhalb des Konzerns weitergeführt wurden – symbolisiert durch die vier verschlungenen Ringe. Pkw der Marke Horch gehörten in den dreißiger Jahren zu den absoluten Spitzenprodukten der deutschen Automobilindustrie – ebenso die in der Horch-Rennabteilung entwickelten und gefertigten, berühmten Auto-Union-Rennwagen. Hier begegnen sich ein bildschönes Horch-Cabriolet und die Güterzuglokomotive 57 3415 der Deutschen Reichsbahn (1555/51).

Rechts: Alfred Tritschler mit hübscher Dame auf dem Frankfurter Flughafen. Hinten eine Dornier Merkur der Lufthansa (93/92).

ISBN: 978-3-88255-898-2

EK-Verlag – Lörracher Straße 16 – 79115 Freiburg
www.eisenbahn-kurier.de

Unser Gesamtverzeichnis erhalten Sie unter Telefon 0761-703100 oder unter service@eisenbahn-kurier.de

Gestaltung und Produktion: Gerhard Greß
Bildbearbeitung: Rico Schreiber, Steffen Düll und Sabine Ressel

Inhaltsverzeichnis

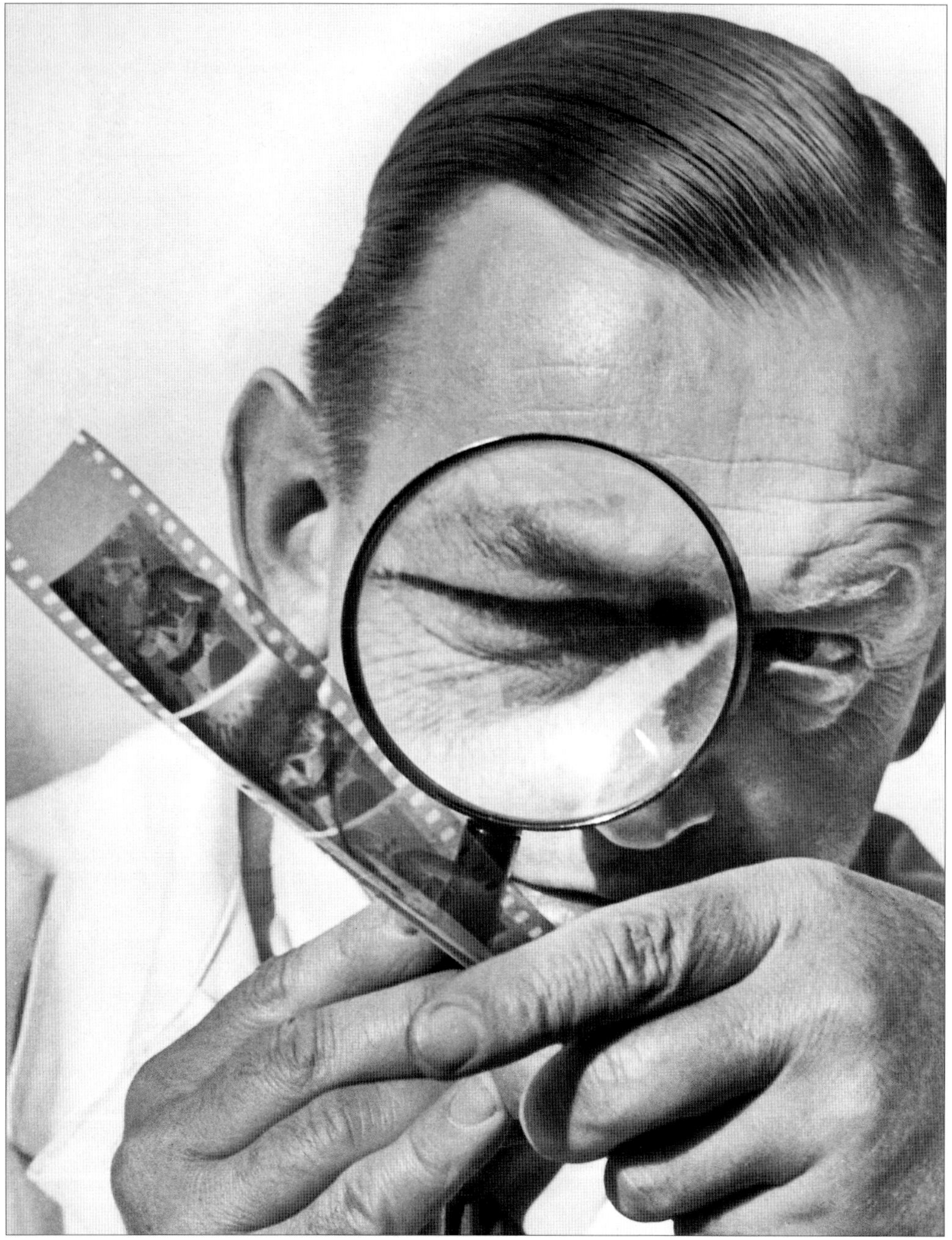

Fotograf durch und durch: Dr. Paul Wolff 1932 mit Lupe und Negativen (150/146). Rechts eine seiner frühen Leica-Aufnahmen aus dem Jahr 1930. Die herrliche Szene wurde vom Fenster seines Fotostudios in der Kaiserstraße in Frankfurt am Main aufgenommen (193/22). Bei den in diesem Buch jeweils in Klammern gesetzten Nummern handelt es sich um die Archiv-Nummern von Dr. Paul Wolff & Tritschler.

Vorwort

Verehrte Leserinnen und Leser,

Kaum eine andere technische Entwicklung hat unser Leben in den letzten 100 Jahren so verändert und nachhaltig geprägt wie das Automobil. Dieses ist heute zum Massenprodukt geworden und der Traum (oder auch Alptraum) der „Volksmotorisierung", den schon die Urväter des Automobilbaus träumten, ist längst Realität geworden.

Bis wir jedoch zum heutigen technischen Standard und Selbstverständnis des Automobils kamen, vollzogen sich unglaubliche technische, gesellschaftliche und politische Wandlungen. So richtig zum zuverlässigen Fortbewegungsmittel wurde das Auto erst in den zwanziger und dreißiger Jahren, allerdings konnten sich damals nur wenige eines leisten. Es war ein Luxusobjekt und nahm einen völlig anderen gesellschaftlichen Stellenwert ein als heute.

Aber nicht nur die Gesellschaft, auch das Autofahren selbst war damals ganz anders: Die Straßen waren schlecht, die Autos unzuverlässig, und die Landbewohner warfen mitunter mit Steinen nach den Automobilisten in ihren „Stinkkarren". Doch gerade in dieser Zeit wurde der Grundstein für unsere heutige Automobil-Gesellschaft gelegt.

Viele unter uns können sich die damalige Situation rund um das Automobil überhaupt nicht mehr vorstellen. Aber die schier unzähligen Aufnahmen des Fotostudios Dr. Paul Wolff & Tritschler aus Frankfurt am Main können einen Eindruck vermitteln und ermöglichen einen Blick in längst vergangene Tage: Ob Fabrikation, Automobilausstellungen, Autowerbung, Straßenverkehr, Urlaubsreisen oder Autobahnbau – die Leica-Aufnahmen von Dr. Paul Wolff & Tritschler dokumentieren das Autofahren sowie das gesamte Umfeld in den zwanziger und dreißiger Jahren.

Dieses Buch ist kein wissenschaftliches Werk und keine technische Datensammlung in Form einer Typenkunde, sondern ein Nachschlagewerk, das die Erinnerung an die Autogesellschaft der ersten Jahrzehnte wachhält.

Es wäre schön, wenn sich – angeregt durch dieses Buch – der eine oder andere Leser mehr für die Automobile und deren Umfeld in den Zwischenkriegsjahren interessieren würde, als das Autofahren noch etwas Außergewöhnliches war.

Dr. Paul Wolff & Tritschlers „Automobile in den dreißiger Jahren" ist wie eine Zeitmaschine, ein Fenster in die Vergangenheit der Automobilkultur.

Ober-Ramstadt, im November 2012
Werner Schollenberger

Ein Leben für die Fotografie

Das Leben geht merkwürdige Wege. Die Richtung, die der Mensch einschlägt, wird sehr oft vom Zufall bestimmt – so auch bei Paul Henri Auguste Wolff, der am 19. Februar 1887 im elsässischen Mülhausen das Licht der Welt erblickte. Elsass/Lothringen war infolge des deutsch-französischen Krieges 1870/71 zum Deutschen Reich gekommen und Vater Wolff hatte man als preußischen Beamten in das neue Reichsland versetzt.

Als um 1900 der Bruder von Paul Wolff eine hölzerne Plattenkamera geschenkt bekam, wurden die Weichen für einen großen Lebensweg gestellt. Der Bruder zeigte wenig Interesse an dem merkwürdigen kleinen Holzkasten mit Objektiv – möglicherweise war dessen damaliger Berufswunsch Lokomotivführer und sein Interesse galt deshalb logischerweise mehr der Dampfmaschine. So kam es, dass sich Paul Wolff der verwaisten Kamera annahm. Der Stein war damit endgültig ins Rollen gekommen, denn der junge Mann entwickelte sich zum begeisterten Fotografen. Paul Wolff bewies Talent und hatte schon bald seine ersten „Kunden". Seine Portraitaufnahmen erfreuten sich nicht nur im Familienkreis wachsender Beliebtheit. Sein Interesse für Insekten brachte ihn im Alter von 16 Jahren mit der naturwissenschaftlichen Zeitschrift Kosmos in Verbindung. In diesem Fachblatt veröffentlichte er einen Beitrag über sein Spezialgebiet, und bald interessierten sich auch andere Zeitschriften für seine Fotoarbeiten.

Als er dann später den Wunsch äußerte, Berufsfotograf zu werden, stieß er bei seinem Vater auf wenig Verständnis, denn dieser bestand darauf, dass er etwas „Anständiges" lernen solle. Nach seiner Schulzeit in Straßburg und in Lahr (Schwarzwald), wo er 1908 am Großherzoglichen Gymnasium sein Abitur bestand, begann Paul Wolff ein Medizinstudium. Dem Wunsch seines Vaters folgend wurde er Arzt. Seiner Leidenschaft, der Fotografie, frönte er aber weiterhin. Noch in der Kaiserzeit wurde in Fachkreisen sein Name durch einige Fotoausstellungen bekannt. Das Hauptthema bei diesen Ausstellungen waren Aufnahmen aus seiner Heimat, dem Elsass. Er arbeitete aber auch schon an Buchpublikationen. Der Bildband „Alt-Straßburg" von 1914, gilt als das älteste nachweisliche Werk von Dr. Paul Wolff.

Wie so viele Deutsche meldete sich Dr. Paul Wolff gleich zu Beginn des Ersten Weltkriegs freiwillig zum Kriegseinsatz. Er diente zunächst an der Westfront in Frankreich, dann an der russischen Front – unter anderem in Ostpreußen – und 1918 wieder als Regimentsarzt auf den Schlachtfeldern des Westens. Das Grauen des Krieges sowie unzählige gefallene und verwundete Soldaten waren für ihn an der Tagesordnung, und sicher hinterließ dies alles auch bei Dr. Paul Wolff bleibende Eindrücke.

Als er nach dem Ersten Weltkrieg in seine elsässische Heimat zurückkehrte, zählte diese nicht mehr zu Deutschland, sondern war wieder französisches Staatsgebiet geworden – und zu allem Übel wurde er im Jahr 1919 aus seinem geliebten Straßburg nach Deutschland ausgewiesen. Dort hatte sich die Gesellschaft mit ihrer durch das Kaiserreich geprägten Werteordnung mittlerweile sehr verändert. Kaiser Wilhelm II. hatte sich nach Holland ins Exil abgesetzt. Die Monarchie war durch eine – instabile – Demokratie abgelöst worden. Aber der Versailler Vertrag legte dem Deutschland der Weimarer Republik sehr harte wirtschaftliche Fesseln an. Dr. Paul Wolff zog mit seiner kleinen Familie – er war inzwischen verheiratet und Vater eines Kindes – nach Frankfurt (M). Familienbande führten ihn in die Mainmetropole, wo auch seine Schwiegereltern wohnten. Aus dem Nichts musste er sich dort eine neue Existenz aufbauen. Doch es war eine sehr schwere Zeit, und die Wirren der Politik und Inflation machten das Leben für die Deutschen nicht leichter: Jeder war erst Millionär, dann Milliardär, und schließlich konnte man sich von seinen Billionen Mark nicht einmal mehr ein Brot kaufen. Erst mit Einführung der Rentenmark im November 1923 stabilisierte sich der Geldwert in Deutschland einigermaßen, und schrittweise ging es wirtschaftlich wieder aufwärts.

Dr. Paul Wolff hängte den ungeliebten Arztkittel an den Nagel. Zunächst betätigte er sich als Filmoperateur für Industriefilme, um sich dann aber wieder ganz der Kunst der Schwarz-Weiß-Fotografie zu widmen. Wie alle Berufsfotografen in dieser Zeit arbeitete er noch mit der großen Plattenkamera. Seit fast einem Jahrhundert hatten sich diese Kameras, die mit beschichteten Glasplatten arbeiteten, nach etlichen Verfeinerungen und Verbesserungen des fotografischen Verfahrens in der Praxis bewährt und den Durchbruch geschafft. Die großen und von Laien nur schwer bedienbaren Holzkästen mit Objektiv beherrschten und prägten die Fotografie in dieser Zeit.

Heute kann man sich kaum noch vorzustellen, dass die faszinierenden Aufnahmen von Straßenszenen der Großstädte London, Paris oder Berlin, des Sioux-Indianerhäuptlings Sitting Bull, der Olympischen Spiele 1896 in Athen, der erste Flug der Gebrüder

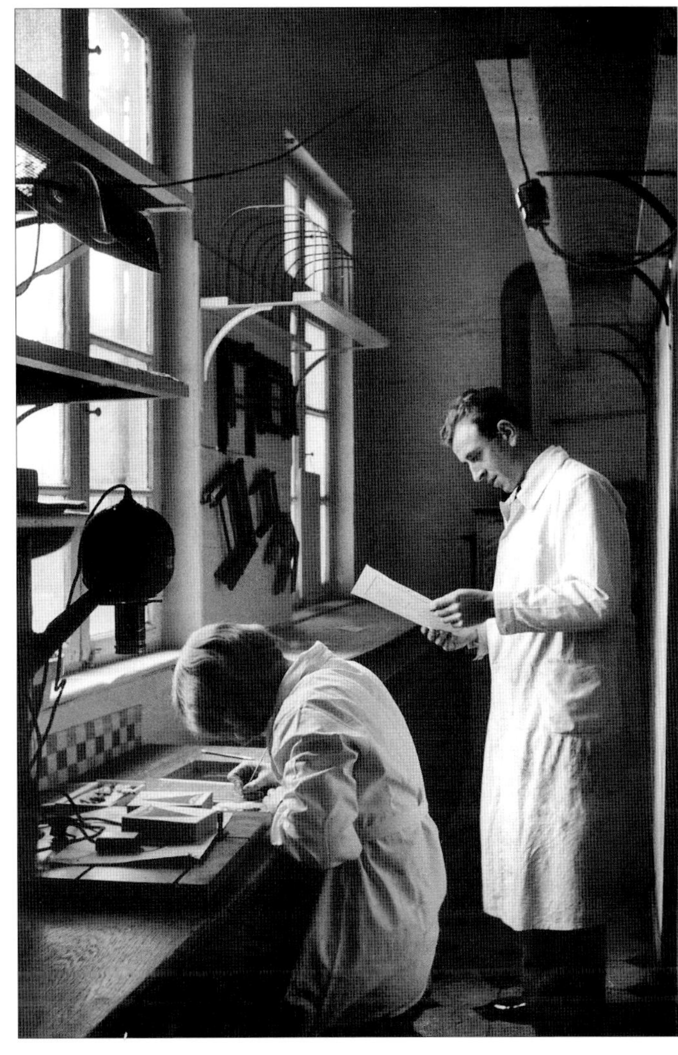

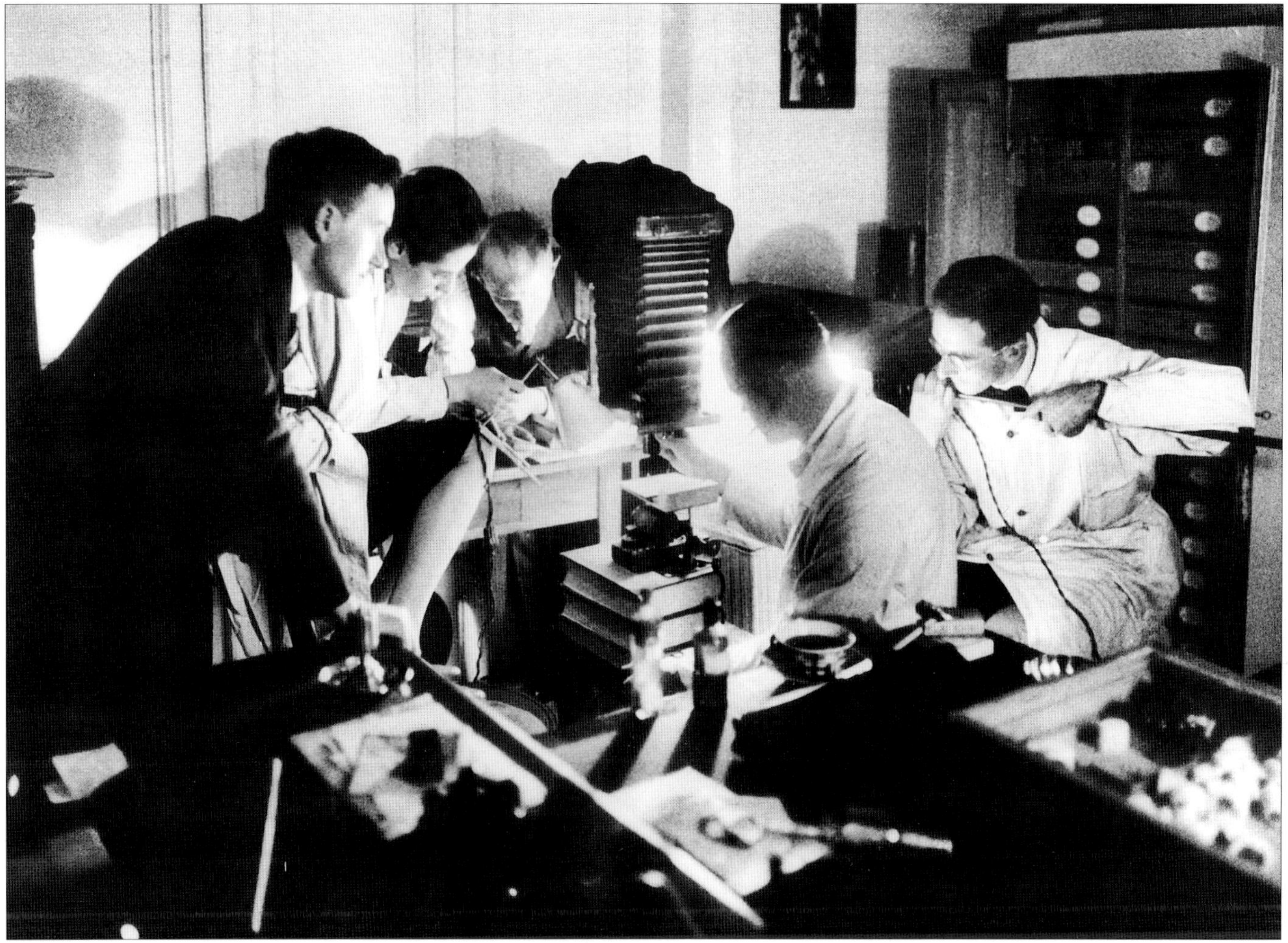

Blick ins Fotostudio um 1930 (links) mit Alfred Tritschler (150/44a). Rechts Dr. Paul Wolff (vorne) mit seiner Belegschaft 1928/29 (93/102).

Wright oder von den Schlachtfeldern des Ersten Weltkriegs alle mit diesen schweren, für unser heutiges Verständnis empfindlichen, unhandlichen und unkomfortabel zu handhabenden Kameras entstanden sind. Aber es gab inzwischen zahlreiche Versuche, kleine und handliche Kameras zu entwickeln. Allerdings konnte sich zunächst keiner dieser Apparate durchsetzen. Aber mitten in Deutschland, im hessischen Wetzlar, wurde bereits vor dem Ersten Weltkrieg an einer Kamera gearbeitet, welche die Fotografie revolutionieren sollte. Oskar Barnack – Leiter der Versuchsabteilung der Optischen Werke Ernst Leitz in Wetzlar – hatte sich schon längere Zeit Gedanken darüber gemacht, wie eine kompakte, handliche Kamera aussehen könnte.

Im Jahr 1914 war ein Prototyp der Kompaktkamera einsatzbereit. Als Negativmaterial für das kleine Ding hatte Oskar Barnack einen 35-mm-Film vorgesehen, wie er auch bei Kinofilmen Verwendung fand. Die kleine Kamera besaß einen Schlitzverschluss mit einstellbaren Belichtungszeiten. Das Objektiv Milar hatte die Brennweite von 42 mm und eine Blendenöffnung von 4,5. Oskar Barnack erprobte die Kamera gründlich – und vom belichteten Bildmaterial war selbst der Konstrukteur überrascht: Niemand hätte einer so kleinen Kamera die erzielte Bildqualität zugetraut! Die Entwicklung der neuartigen Kamera wurde aber nicht weiter vorangetrieben. Inzwischen war der Erste Weltkrieg ausgebrochen, und gewiss hatten sich die Verantwortlichen im Hause Leitz ganz anderen, kriegswichtigeren Dingen zuwenden müssen.

Infolge des verlorenen Ersten Weltkriegs und der Inflation vergingen Jahre, bis sich Leitz an die kleine Kamera erinnerte und sie „aus der Schublade" holte. Ende 1923 – die Inflation war gerade durch die Einführung der Rentenmark gebannt worden – entschloss sich der Direktor des Wetzlarer Unternehmens, Ernst Leitz II, Oskar Barnacks kleine Kamera in die Serienfertigung zu nehmen. Ein Name für das neue Produkt wurde auch schnell gefunden: Man taufte sie „Leica". Dieser Name setzte sich aus der Abkürzung der Worte „Leitz" und „Camera" zusammen. Leitz stellte der Öffentlichkeit die unglaublich kleine Leica erstmals auf der Leipziger Frühjahrsmesse 1925 vor und – fast war es nicht anders zu erwarten – wurde sie besonders in Fachkreisen als „Spielzeug" belächelt. Doch dies änderte sich rasch. Die Leica sollte die Fotografie und den Fotojournalismus revolutionieren und durch sie ging die Zeit der unhandlichen Plattenkameras zu Ende. Kompakt und handlich sowie mit dem bis heute gebräuchlichen Kleinbildfilm ausgestattet, ermöglichte sie ein unglaublich schnelles Fotografieren. Dr. Paul Wolff wurde auf der „Internationalen Fotoausstellung 1926 in Frankfurt (M)" auf die neuartige Leica-Kamera aufmerksam – und der Zufall wollte es, dass er hier einen solchen Fotoapparat gewann! In seinen Lebenserinnerungen schrieb er: ,,Das Schicksal spielte sie mir in die Hände, und damit begann für mich ein bedeutungsvoller Abschnitt meines persönlichen und beruflichen Lebens." Er war einer der ersten Fotografen in Deutschland, der die in der Kleinbildfotografie steckenden Möglichkeiten erkannte und sie schließlich professionell einsetzte. Für seine Auftragsarbeiten benutzte er allerdings zunächst noch die altbewährte Plattenkamera. Aber versuchsweise fotografierte er bei seinen Arbeiten bisweilen auch mit der Leica – und die Ergebnisse dieser nebenher eingefangenen Schnappschüsse fanden sein Gefallen. Die Grobkörnigkeit der Kleinbildfotos – es handelte sich ja nach wie vor um den üblichen 35-mm-Kinofilm – machte die Leica den herkömmlichen Plattenkameras aber noch deutlich unterlegen.

Dies führte dazu, dass sich Dr. Paul Wolff intensiv mit dem Filmmaterial zu beschäftigen begann. Als er zufällig die Entwicklungszeit für die Fotografien verkürzte, war die Überraschung perfekt: Sie wurden feinkörnig! Lichtempfindlichere Filme brachten dann weitere Fortschritte für die Kleinbildfotografie. Der Durchbruch für eine noch heute

Frankfurt (M) in den zwanziger Jahren (linke Seite) und dreißiger Jahren (diese Seite) unweit der Hauptwache, u.a. mit einem der ab 1925 bei Hanomag gebauten Klein-Pkw mit den Spitznamen „Kommissbrot“ (links) und einer Straßenbahn der Linie 15 (Mitte), rechts der Römer (Aufnahmen von der linken Seite nach rechts: 181/31, 173/30, 1499/88, 317/38, 34/370).

selbstverständliche Sache war geschafft und so entstand eine neue Arbeitsweise. Nunmehr verfügte Dr. Paul Wolff in relativ schneller Folge über 36 Aufnahmen und konnte von verschiedensten Motiven ganze Bildserien anfertigen. Zu Hause im Fotostudio wurden dann aus Negativen und Kontaktabzügen die besten Fotos der Serie ausgewählt. Eine Vorgehensweise, die auch heute noch ihre Gültigkeit hat, und die bei Fotoarbeiten – gerade von Profis im Zeitalter der Digitalfotografie – praktiziert wird.

Die ständig verbesserte Leica wurde trotz ihres relativ hohen Preises zum Verkaufserfolg. Der Siegeszug der Kleinbildfotografie war nicht mehr aufzuhalten. Die Handhabung der kompakten Kamera erwies sich als so einfach, dass selbst Laien damit beste Resultate erzielen konnten. Für ihre Besitzer wurde der kleine, handliche Fotoapparat meist zum ständigen Begleiter, denn mit ihm konnten erstmals Szenen bzw. „Schnappschüsse“ des täglichen Lebens wie Reise und Urlaub, glückliche Stunden sowie unvergessliche, fröhliche, aber auch traurige Momente des Lebens problemlos und ungestellt festgehalten werden. Andererseits ermöglichte die Leica aber auch, weniger schöne Dinge der deutschen Vergangenheit auf unzähligen Bildern zu dokumentieren: Parteiaufmärsche der NSDAP, das Grauen des Krieges und der Vernichtungslager sowie der zerstörten

Fotoserie von Alt-Frankfurt (Main) mit seinen herrlichen Gässchen und Hinterhöfen zwischen Licht und Schatten, seiner kompakten Infrastruktur, bestehend aus Wochenmarkt, Lebensmittelgeschäften und …

Städte. Die Fülle des heute noch vorhandenen Fotomaterials aus dieser Zeit bestätigt, welche Verbreitung die Amateurfotografie inzwischen gefunden hatte.

Die Erfolge der Leica ließen natürlich auch andere deutsche Hersteller nicht ruhen, und sie begannen mit der Konstruktion und dem Bau ähnlicher Fotoapparate. Deutschland nahm bald bei der Produktion der kleinen – auch seitens der Optik sehr hochwertigen – Fotoapparate eine Spitzenstellung in der Welt ein. Diese Vormachtstellung reichte bis weit in die sechziger Jahre. Über die zunächst ungelenken Nachbauten der Leica aus Japan hatten die deutschen Fotohersteller nach dem Motto „uns kann keiner", zunächst nur ein Lächeln übrig. Aber dieses verschwand in den folgenden Jahren, wie die einst führende deutsche Fotoindustrie. Als einer der wenigen deutschen Kamerahersteller überstand Leica die Zeitläufe bis heute. Im Zeitalter der elektronisch gesteuerten Sucher- oder Spiegelreflexkameras und besonders der Digitalkameras ist es für jeden möglich, ein unverwackeltes und einigermaßen richtig belichtetes Foto zustande zu bringen. Dabei ist der breite Durchbruch der Digitalkamera längst vollzogen.

Doch zurück zur Geschichte von Dr. Paul Wolff. Bereits 1927 hatte er einen geeigneten Partner für sein Fotostudio in Frankfurt (M) gesucht – und zur Vorstellung erschien bei ihm der 22-jährige Alfred Tritschler. 1905 in Offenburg geboren, hatte dieser eine Fotografenlehre absolviert, an die sich eine Ausbildung an der Höheren Fachschule für Phototechnik in München anschloss. Danach fand Alfred Tritschler im Versuchslaboratorium der UFA in Potsdam-Babelsberg eine Anstellung und machte dort erste Bekannt-

... Metzgereien sowie von Schuhmacherei- und sonstigen Handwerksbetrieben, und überragt von der Katharinenkirche (links). Erinnert Sie die Aufnahme rechts nicht an ein berühmtes Spitzweg-Gemälde?
(Von links nach rechts: 81/77, 1475a-28, 1740/47, 2259/212, 34-149, 34/127)

schaft mit der Leica. Mit Alfred Tritschler hatte Dr. Paul Wolff den idealen Mitarbeiter gefunden, und bereits wenig später wurde die Firma Dr. Paul Wolff & Tritschler gegründet. An Aufträgen dürfte es in der schwierigen Zeit bis Ende der zwanziger Jahre nicht gefehlt haben. Jedoch stand der jungen Demokratie in Deutschland eine Bewährungsprobe bevor, die sie leider nicht bestehen sollte: Am 25. Oktober 1929 löst ein Aktiensturz an der New Yorker Börse die Weltwirtschaftskrise aus. Die Scheinblüte der sogenannten, aber alles andere als „Goldenen zwanziger Jahre" brach wie ein Kartenhaus zusammen. Die Folge der weltweiten Finanzkatastrophe waren – nicht nur in Deutschland – Massenarbeitslosigkeit und Armut. Die Politiker der Weimarer Republik hatten dieser Katastrophe nichts entgegenzusetzen. Politische Unruhen, Notverordnungen und ständige Regierungswechsel prägten die Zeit. Ende des Jahres 1932 stieg die Arbeitslosigkeit auf über sechs Millionen Menschen. Am 30. Januar 1933 wurde Adolf Hitler Reichskanzler. Die Weltwirtschaftskrise, Massenarbeitslosigkeit und Hoffnungslosigkeit sowie das Unvermögen seiner politischen Gegner, hatten ihm den Weg geebnet. Das totalitäre Regime der Nationalsozialisten nahm seinen Anfang. Wirtschaftlich setzte allerdings nach und nach ein Aufschwung ein, von dem nahezu alle Branchen profitierten.

Dessen ungeachtet entwickelte sich in den dreißiger Jahren das Fotostudio Dr. Paul Wolff & Tritschler mit seinem bereits umfangreichen Archiv zu einem der führenden Unternehmen der Branche und beschäftigte über 20 Mitarbeiter. Zahlreiche Aufträge kamen von der Industrie und speziell für Firmenjubiläen, Werbeschriften sowie Industrie-

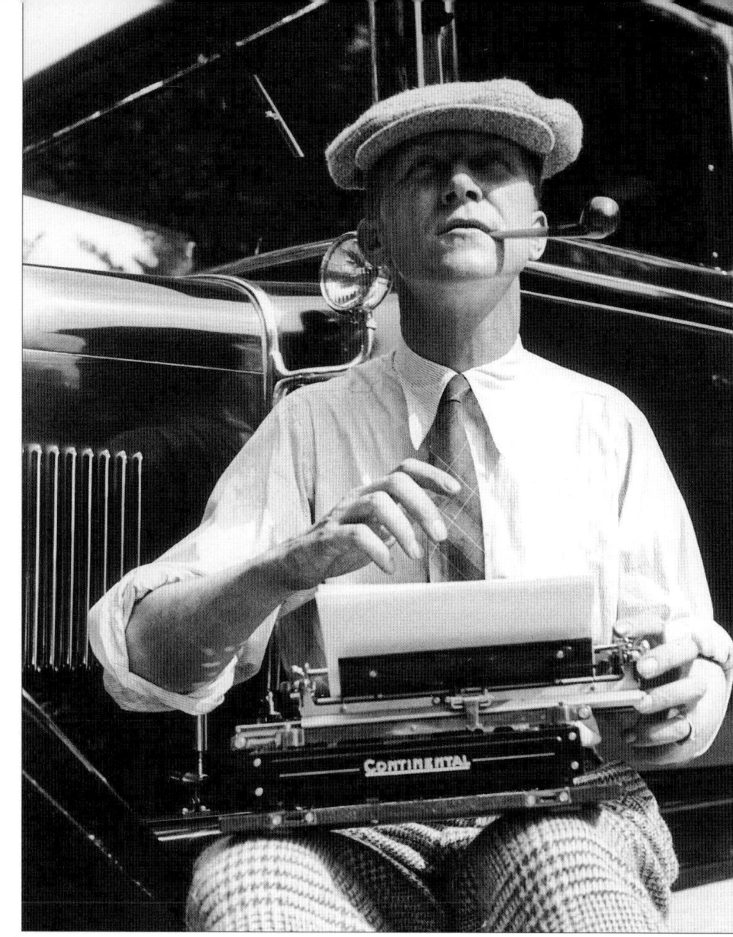

Durch seine Arbeiten mit der Leica, seine weitverbreiteten Buchveröffentlichungen, seine zahlreichen Fachvorträge und seine nationalen und internationalen Ausstellungen, gebührt Dr. Paul Wolff ein erheblicher Anteil an den großen Erfolgen der Kleinbildfotografie. Auch mit der Schreibmaschine konnte er umgehen: Durch zahlreiche Veröffentlichungen wurde Dr. Paul Wolff auch als Buchautor ein Begriff (43/166). Das Buch „Meine Erfahrungen mit der Leica" (oben) war ein Bestseller (2243/3).

reportagen entwickelte sich das Unternehmen Dr. Paul Wolff & Tritschler zur ersten Adresse in Deutschland. Der Name Dr. Paul Wolff wurde – unter anderem – durch viele Buchveröffentlichungen zum Begriff. Seine „Alt-Frankfurt"-Bildbände (1923-1931, Text: Fried Lübbecke), zwei Publikationen in den „Blauen Büchern" („Aus Zoologischen Gärten" und „Formen des Lebens"), sowie „Botanische Lichtbildstudien" (1929 und 1931), die Bücher „Ins Land der Franken fahren" (1934, Text: Fried Lübbecke), „Meine Erfahrungen mit der Leica" (1934), „Kleine Italienfahrt" (1934), „Am laufenden Band" (1936, Text: Heinrich Hauser), „Sonne über See und Strand" (1936), „Skikamerad Toni, Winterfahrten um Garmisch-Partenkirchen" (1936), „Der Rhein" (1936), „Arbeit" (1937), „Groß- oder Kleinbild?, Ergebnisse einer Fotofahrt durch Franken an die Donau" (1938), „Im Kraftfeld von Rüsselsheim" (1940, Text: Heinrich Hauser), „Meine Erfahrungen mit der Leica farbig" (1942) und seine unzähligen Industrie-Werbeschriften gingen zu Zehntausenden über die Ladentheken der Buchhandlungen und machten Dr. Paul Wolff über die Grenzen Deutschlands hinaus bekannt. Durch seine Arbeiten mit der Leica, seine weitverbreiteten Buchveröffentlichungen, seine zahlreichen Fachvorträge sowie seine nationalen und internationalen Fotoausstellungen, gebührt ihm ein erheblicher Anteil an den Erfolgen der Kleinbildfotografie.

Aber auch sein Partner Alfred Tritschler machte durch Fotoarbeiten und Bildbände auf sich aufmerksam. 1936 hatte er Dr. Carl T. Wiskott bei einer Fahrt nach Griechenland

Leica-Werbung der zwanziger und dreißiger Jahre für eine bis heute einzigartige und von Liebhabern nach wie vor gesuchten Kamera. Rechts eine der Leicas von Dr. Paul Wolff.

mit einem Opel Olympia begleitet. Das neueste Modell des Rüsselsheimer Autoherstellers wurde der Hauptdarsteller in dem aus dieser Reise resultierenden Buch „Griechenland im Auto erlebt". Eine mit 80 Aufnahmen von Alfred Tritschler bebilderte Reisebeschreibung in das Land der Olympischen Spiele – jener Spiele, deren propagandistische, nationalsozialistische Interpretation im selben Jahr in Berlin inszeniert wurde. Auch von Dr. Paul Wolff & Tritschler erschien noch im selben Jahr ein Olympiabuch. Fotografieren durften die Herren Dr. Paul Wolff und Alfred Tritschler allerdings nur mit Teleobjektiv von den Zuschauerrängen aus. Den Platz in der ersten Reihe – bei und unter den Wettkämpfern – hatte sich Leni Riefenstahl (durch maßgebliche Unterstützung Hitlers) gepachtet. Wolff beschwerte sich gegen diese Bevorzugung. Auch der Titel des Buches „Was ich bei den Olympischen Spielen sah" war als Protest für die Zurücksetzung zu werten. Die Buchprojekte waren aber nur ein Teil der Aktivitäten des Frankfurter Fotostudios. Das tägliche Handwerk, die Brot- und Butterarbeit, waren nach wie vor die Werbe- und Firmenbroschüren. Besonders die deutschen Autohersteller traten an das große Frankfurter Fotostudio heran: Für Werbeprospekte von Auto Union, Adler, Daimler Benz, Opel, Röhr und Stoewer wurde Fotomaterial geliefert. Beispielsweise dokumentierte Dr. Paul Wolff & Tritschler die spektakuläre und berühmt gewordene Atlantiküberquerung eines Opel Olympia: Der 500.000. in Rüsselsheim gefertigte Pkw schwebte im

Auch Alfred Tritschler machte durch seine Fotoarbeiten und verschiedene Bildbände auf sich aufmerksam. 1936 begleitete er Dr. Carl T. Wiskott bei einer Reise nach Griechenland. Das Fahrzeug war ein Opel Olympia (wie könnte es auch anders sein im olympischen Jahr). Rechts Athen und die Akropolis, die bekannteste Stadtfestung und Tempelbezirk des antiken Griechenland (von links 1631/497, 1631/73, 1631/281).

Bauch des Luftschiffs LZ 129 „Hindenburg“ von Friedrichshafen nach Rio de Janeiro. Die Ankunft in Brasilien fand entsprechend große Beachtung und wurde mit einer Rundfahrt des Olympia durch die Straßen Rios gefeiert. Der weitgereiste Opel-Wagen wurde danach dem brasilianischen Verkehrsminister überreicht.

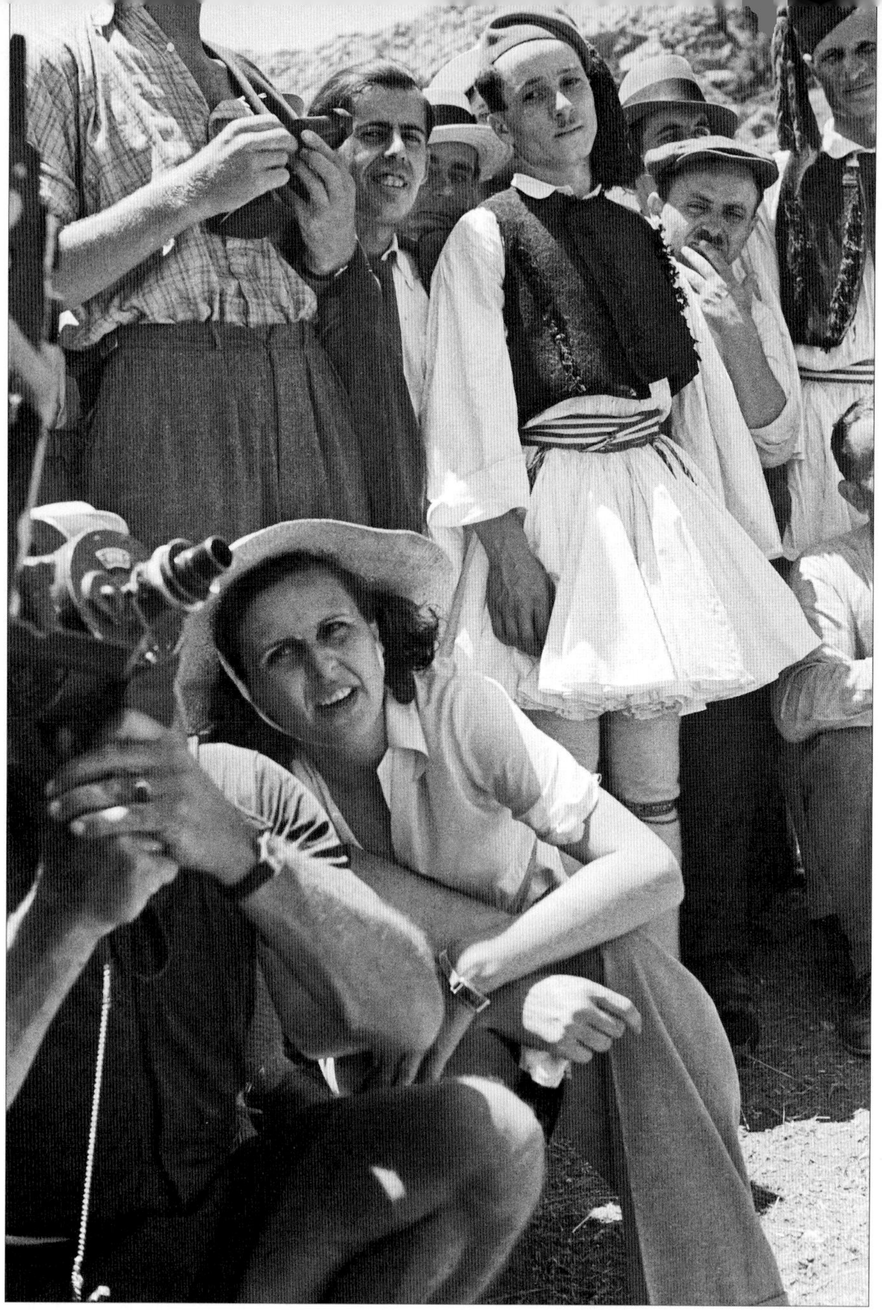

Die hübschen griechischen Damen werden per Opel Olympia zum Entzünden des olympischen Feuers für die Olympiade 1936 in Berlin gefahren (oben links, 1631/581). Links die Entzündung des Feuers in entsprechender Kleidung im antiken Olympia (1631/367). Dabei war natürlich auch Leni Riefenstahl mit ihrem Filmteam (oben, 1631/350).

Bei Dr. Paul Wolff & Tritschler erschien noch im Jahr 1936 ein Olympiabuch. Fotografieren durften die beiden Herren jedoch nur mit Teleobjektiv von den Zuschauerrängen aus. Sowohl der Platz in der ersten Reihe als auch die Begegnung mit Athleten war ausschließlich Leni Riefenstahl vorbehalten.
(oben links 1638/4849, oben 1638/3702, links 1638/2335)

Das Automobil und sein Umfeld waren aber wiederum nur ein Bereich, in dem das Fotostudio Dr. Paul Wolff & Tritschler tätig war. Es entstanden hunderttausende von Aufnahmen aus dem Alltagsleben der Zwischenkriegsjahre. Das schier unbegrenzte Spektrum reichte von Architektur, Technik, Beruf und Aufmärschen im Dritten Reich bis zum Straßenverkehr, Schiffen, Lokomotiven, Flugzeugen und Zeppelinen sowie Sportveranstaltungen bis hin zum Automobilbau. Mit der Leica hielten Dr. Paul Wolff, Alfred Tritschler und ihre Mitarbeiter ein unverfälschtes Stück Zeitgeschichte fest. So entstand ein riesiges, ständig wachsendes Archiv, das auch von vielen Verlagen als Lieferant von Bildmaterial für ihre Publikationen frequentiert wurde. Von „Motor und Sport", „Die Neue Linie" bis „Der Silberspiegel" gab es kaum eine deutsche Automobilzeitschrift, Zeitung oder Illustrierte, die in den Jahren vor dem Zweiten Weltkrieg nicht mit Aufnahmen aus dem riesigen Fundus von Dr. Paul Wolff & Tritschler gearbeitet hätte.

Fortsetzung auf Seite 20

Der 500.000. in Rüsselsheim gefertigte Opel-Pkw – ein Olympia – wird hier vor der Zeppelinhalle in Frankfurt (M) per Lkw nach Friedrichshafen gebracht und dort in den „Bauch" des Luftschiffs LZ 129 „Hindenburg" gehievt (rechts). (Oben 1544/77, rechts 1544/55)

Mit der im März 1936 in Dienst gestellten LZ 129 „Hindenburg“ schwebt der Opel Olympia im selben Jahr von Friedrichshafen am Bodensee nach Rio de Janeiro in Brasilien (oben). Rechts die Zeppelinhalle in Frankfurt (M). Rund ein Jahr später – am 6. Mai 1937 – verunglückt die „Hindenburg“ nach einer Linienfahrt von Deutschland nach Nordamerika bei der Landung in Lakehurst in den Vereinigten Staaten (oben 1540/46, rechts 1540/154).

Ganz rechts: Die Ankunft des LZ 129 „Hindenburg“ mit dem Opel Olympia in Brasilien fand große Beachtung und wurde – eskortiert von Polizisten auf Harley-Davidson-Motorrädern – mit einer Rundfahrt durch die Straßen Rio de Janeiros gefeiert (1547/503).

Ganz links: 1943 erhielt Dr. Paul Wolff den Auftrag, Denkmäler, historische Gebäude, Altstadtkerne, Kunsthandwerk sowie Wand- und Deckengemälde zu fotografieren, die in Gefahr geraten waren, bei Bombenangriffen zerstört zu werden (150/90).

Links: Das Haus von Dr. Paul Wolff nach dem Luftangriff im März 1944 (2460/8).

Am 1. September 1939 begann der Zweite Weltkrieg, und Alfred Tritschler wurde als Kriegsberichterstatter zur Wehrmacht eingezogen. Allmählich blieben auch für den aus Altersgründen nicht mehr eingezogenen Dr. Paul Wolff die Aufträge aus. Anfangs noch von den Erfolgen des Blitzkriegs getragen, wendete sich ab Anfang 1943 das Blatt gegen Deutschland. Alliierte Bomber trugen den Krieg in Deutschlands Städte. In diesem Jahr (1943) erhielt Dr. Paul Wolff den Auftrag, Denkmäler, historische Gebäude, Altstadtkerne, Kunsthandwerk, Wand- und Deckengemälde zu fotografieren, die in Gefahr geraten waren, bei Bombenangriffen zerstört zu werden. Es entstanden beispielsweise Fotodokumentationen der Frankfurter Altstadt, der Ratgeber-Fresken im Frankfurter Karmeliter-Kloster und Deckengemälde im Römer. Tatsächlich wurde kurze Zeit später Vieles davon von englischen und amerikanischen Bombern in Schutt und Asche gelegt und ging für immer verloren. Das Ende des „Tausendjährigen Reiches" rückte näher. Der

Zweite Weltkrieg machte auch vor dem Lebenswerk und dem Besitz von Dr. Paul Wolff nicht halt. Im März 1944 wurde sein Haus bei einem Luftangriff schwer beschädigt, wobei ein Teil des Bildarchivs – vorwiegend die Glasplattennegative – vernichtet wurde. Die Schwarz/Weiß-Negative (vor allem Kleinbildnegative) waren jedoch glücklicherweise ausgelagert und bildeten nach dem Krieg die Grundlage für den Fortbestand des Archivs und des Fotostudios Dr. Paul Wolff & Tritschler. Von den im Krieg erlittenen Schicksalsschlägen erholte sich Dr. Paul Wolff nicht mehr. Nach seinem Tod im Jahr 1951 führte Alfred Tritschler das Fotostudio alleine weiter. Im selben Jahr stieg sein Neffe, Robert Sommer, als kaufmännischer Leiter in das Fotostudio Dr. Paul Wolff & Tritschler ein. 1963 übernahm dieser das als Bildarchiv geführte Unternehmen als Alleininhaber und war bis 1972 – auch als Fotograf – international tätig. Eine Vielzahl der historischen Leica-Kleinbildaufnahmen in diesem Buch sind von Robert Sommer in seiner alten Dunkelkammer, mit viel handwerklichem Geschick, selbst vergrößert worden. Noch bis in die neunziger Jahre war es für ihn selbstverständlich, dass alle Vergrößerungen auf Baryt-Fotopapier hergestellt worden sind.

Seniorchef Alfred Tritschler starb im Jahr 1970. 1972 wurde der Firmensitz des Fotostudios Dr. Paul Wolff & Tritschler von Frankfurt (M) nach Offenburg verlegt und dort als Bildarchiv weitergeführt, wo es seit 1979 von Thomas Sommer, dem Sohn von Robert Sommer, als Historisches Bildarchiv Dr. Paul Wolff & Tritschler, mit viel Enthusiasmus und Liebe zur Sache betreut wird. Das Archiv umfasst den Zeitraum von 1927 bis 1972 und ist als einmalig zu bezeichnen: Auf über 500.000 Negativen (!) ist eine geballte Ladung Zeitgeschichte des ereignisreichen 20. Jahrhunderts für die Nachwelt erhalten geblieben. Sie sind unbestechliche Zeugen dieser Zeit – auch wenn manche der Motive heute auf uns gestellt, idealisiert und (fast) zu perfekt wirken. ❑

Robert Sommer (oben links und oben) war zunächst kaufmännischer Leiter des Fotostudios Dr. Paul Wolff & Tritschler. Trotz seiner sehr schweren Verwundung im Zweiten Weltkrieg übernahm er im Jahr 1963 das als Bildarchiv geführte Unternehmen als Alleininhaber und war bis 1972 – auch als Fotograf – international tätig (rechts 3903/172).

Entwicklung des Automobils

Ideen – Konstruktionen – Technik

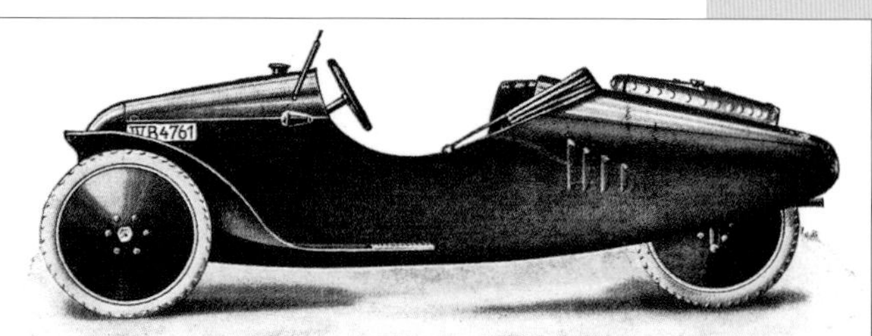

2011 war das Jahr, in dem sich die Einführung der ersten wirklich funktionierenden Automobile zum 125. Mal jährte! Die ersten gebrauchstüchtigen Autos wurden – unabhängig voneinander – 1886 von Carl Benz und Gottlieb Daimler gebaut. Die beiden „Väter unserer verstopften Straßen" legten ihren Konstruktionen höchst unterschiedliche Konzepte und Philosophien zu Grunde: Daimler hatte seine Gasmotoren bereits in alles eingebaut, was zur Fortbewegung diente, vom Boot bis zur kleinen Lokomotive. Zwangsläufig folgte irgendwann auch mal eine Kutsche, bei der Daimler nun praktischerweise die Pferde weglassen konnte. Dagegen hatte Carl Benz von Anfang an einen eigenständigen Motorwagen im Sinn. So entstand ein dreirädriges Gefährt, das in seiner aus Stahlrohren gefertigten Bauweise irgendwie noch sehr an ein Fahrrad erinnerte. Insgesamt war dieses Fahrzeug wohl eine viel größere technische Innovation als die Daimlersche „Motorkutsche".

Nicht in seinen kühnsten Träumen konnte sich damals der fantasiebegabteste Utopist vorstellen, was sich aus diesen beiden Keimzellen entwickeln sollte. In dieser Anfangsphase der Automobilisierung waren die Verkaufserfolge sicher mehr als bescheiden, denn – ganz objektiv gesehen – hatte wirklich kein Zeitgenosse auf die Erfindung des Automobils gewartet. Zunächst als skurriles „Spielzeug der Reichen" mitleidig belächelt und eher misstrauisch beobachtet, benötigte unsere „Jahrhundertliebe Automobil" eine sehr lange Zeit, um als Verkehrsmittel akzeptiert zu werden. Zitieren wir zu den Kindertagen des Automobils unseren Erfinder Carl Benz, der in der „Allgemeinen Automobilzeitung" 1915 berichtete: *„(...) Es glaubte in damaliger Zeit niemand, dass es jemals einem Menschen einfallen werde, statt des vornehmen Pferdefuhrwerks solch ein unzuverlässiges, armseliges, puffendes und ratterndes eisernes Fahrzeug zu benutzen."* Selbst in der ersten Wirtschaftsblüte des Deutschen Reiches, vor der Wende vom 19.-

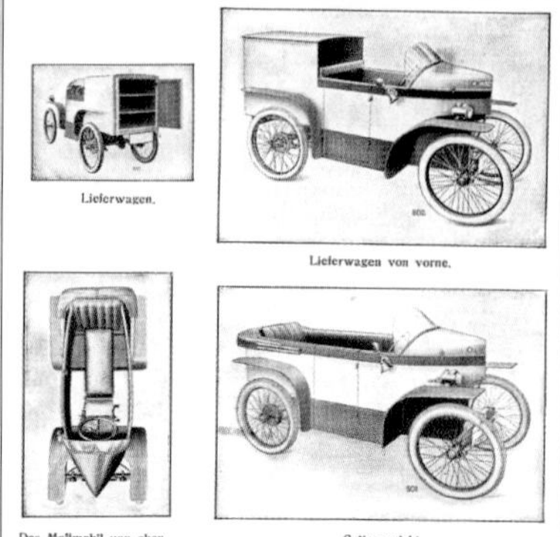

Zeitungswerbung (ganz links) von 1905 für den Ruppe „Piccolo". Den schnittigen Mops (links) baute die Firma Schmidt & Bensdorf in Mannheim. Der Spinell-Sport-Zweisitzer (oben) wurde in Berlin und das vielseitige Mollmobil (oben rechts) in Sachsen hergestellt.

Aus Köln Ehrenfeld kam der „Helios" (links), der schon wie ein richtiges Automobil aussah. Vertrieben wurde er durch die Gemeinschaft Deutscher Automobilfabriken (GDA). HT – Hans Thiele Kraftfahrzeugbau (rechts) fertigte dieses skurrile Gefährt Mitte der zwanziger Jahre in Berlin-Friedenau.

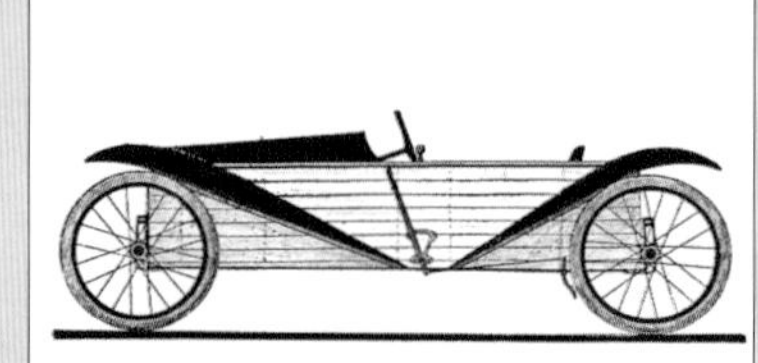

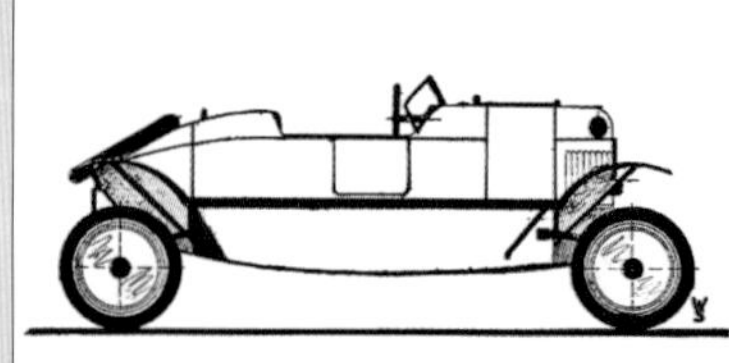

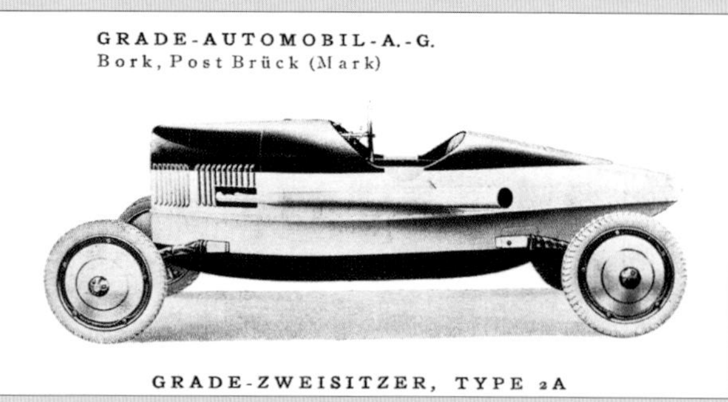

Eine einfache Konstruktion und auch als Elektroauto zu haben: Der Slaby-Beringer (oben links). Der kleine Grade (oben und links) war der Beitrag des Flugpioniers Hans Grade zur Volksmotorisierung und wurde zwischen 1921 und 1928 in Bork bei Magdeburg gefertigt. Von diesem sportlichen Fahrzeug konnten immerhin rund 2.000 verkauft werden.

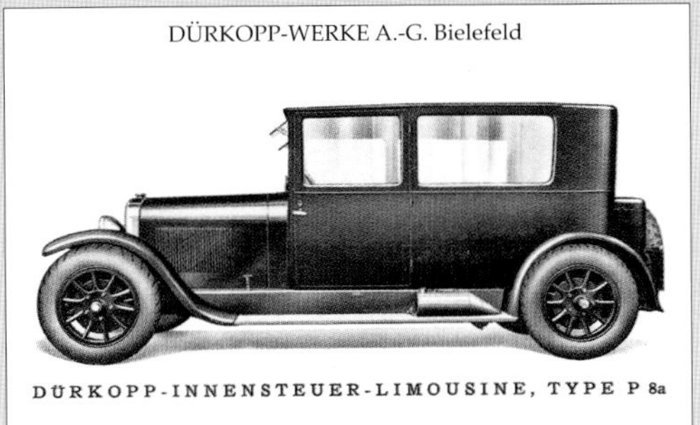

Ford-Touring
M. 4400.–
12 P.S.-Fünfsitzer
ab Lager Aachen oder Lübeck

DIESES BILD

möchte Sie veranlassen, den nächsten Fordvertreter aufzusuchen und diesen Ford-Touring-Wagen zu besichtigen.

Beachten Sie das rassige Aussehen, die schnittige Linienführung, die gute Innenausstattung, die bequeme Polsterung der Sitze, die Stahlkarosserie und die Farbenauswahl.

Der moderne Ford hat vier Türen, fünffache Ballonbereifung, elektrischen Anlasser, elektrische Beleuchtung und geteilten Windschutz.

Der Ford ist ein Wagen normaler Größe, also weder ein Kleinwagen, noch die verkleinerte Nachahmung eines Normalwagens.

Der Name Ford bürgt für Qualität und Leistungsfähigkeit. Der billige Preis ist die Folge des weltbekannten Fordsystems.

Auf Wunsch senden wir Ihnen Literatur und Adresse des nächsten Fordvertreters.

Autorisierte Fordvertreter an allen größeren Plätzen.

Ford

Ford Motor Company A. G., Berlin, Unter den Linden 56

Sie bauten Autos: Heute fremd anmutende Markennamen wie z.B. Dürkopp, Elite, HAG, Komnick, Pluto oder Mauser (oben) verschwanden Ende der zwanziger Jahre für immer von der Bildfläche. Henry Fords „Tin Lizzy" (rechts) ebnete den Weg für das Volksautomobil. Nach dieser Werbanzeige aus der Zeitschrift „Die Woche" von 1925 kostete der Wagen in Deutschland allerdings die Riesensumme von 4.400.- Mark.

zum 20. Jahrhundert, konnte sich die „Motorkutsche" nicht durchsetzen. Für den Fortschritt stand – seit ihrer überzeugenden Einführung im Jahr 1835 auf der Strecke von Nürnberg nach Fürth – die Eisenbahn: Zuverlässig, schnell und im Gegensatz zum Automobil auch zur Überbrückung großer Entfernungen geeignet. Außerdem überspannte das vor dem Ersten Weltkrieg bereits über 50.000 Kilometer umfassende Netz von Eisenbahnstrecken Deutschland sehr engmaschig. Und der innerstädtische Betrieb wurde inzwischen – laufend zunehmend – von vielen elektrischen Straßenbahnen bewältigt.

Den Straßenverkehr auf staubigen oder bestenfalls gepflasterten Chausseen beherrschten dagegen Ochsenkarren und Pferdefuhrwerke- bzw. Kutschen. In dieser Konkurrenz benötigte damals unter vernünftigen Gesichtspunkten niemand wirklich einen stinkenden, zickigen und hoppelnden Motorwagen: Die Zeit war noch lange nicht reif für das Automobil. Toleriert wurde das Automobil bereits allenfalls als Sportgerät – denn schon begannen erste Automobilrennen die Zuschauermassen in ihren Bann zu ziehen. In breiten Schichten der Bevölkerung jedoch stieß der laute „Stinkkarren" immer noch auf offene Ablehnung. Nur mutige Konstrukteure erkannten im Automobil auch schon ein Fortbewegungsmittel für die breite Masse. Und dieser Idee folgend entstanden Fahrzeuge wie beispielsweise der zwischen den Jahren 1904 bis 1910 im thüringischen Apolda gefertigte Ruppe Piccolo Kleinwagen oder der in Gaggenau von 1904 bis 1907 produzierte Bergmann Liliput. Die Bezeichnung „Volkswagen" konnte bei diesen beiden Konstruktionen aber noch nicht wirklich anwendet werden. Auch nicht für ein kleines Fahrzeug aus Schönau bei Chemnitz, dem Wanderer 5/12 PS W 1. Der kleine Wagen, mit zwei hintereinander angeordneten Sitzen wurde 1912 vorgestellt und erlangte im Volksmund unter dem Namen „Puppchen" außerordentliche Beliebtheit und Popularität. Seinen Namen bekam das kleine Automobil, als im Mai 1913 im Chemnitzer Central-Theater Jean Gilberts Operetten-Posse „Puppchen" uraufgeführt wurde. Für das Szenenbild im ersten Akt hatte Wanderer den neuen 5/12 PS zur Verfügung gestellt. Eine bessere Werbung gab es nicht: Der Auftritt und der Schlager „Puppchen, du bist mein Augenstern" blieb den Zuschauern im Gedächtnis und schon bald wurde der kleine Wanderer 5/12 PS W 1 im Volksmund nur noch „Puppchen" gerufen.

„Puppchen, du bist mein Augenstern!“ In Abwandlung des Schlagers und „Gassenhauers“ wurde der kleine Wanderer (oben) im Volksmund als „Puppchen“ bezeichnet (186/35). Unten: „Puppchen“ in Gegenüberstellung mit dem neuen Wanderer W 11 10/50 PS – Autonostalgie im Jahr 1929 (186/67).

Wanderer fertigte den als „Volksauto“ gedachten Kleinwagen mit entsprechender Modellpflege und Weiterentwicklung immerhin bis 1926. Allerdings entstanden im Wanderer-Werk in Schönau in der Zeitspanne von knapp 14 Jahren nicht mehr als 9.000 „Puppchen“. Wer sollte auch ein in handwerklicher Tradition und in geringen Stückzahlen gefertigtes und damit teueres Automobil kaufen? Denn das „Puppchen“ kostete bei seinem Erscheinen im Jahr 1912 rund 4.000.- Mark. In Deutschland waren die Kaufkraft und das Interesse für das Automobil einfach noch nicht gegeben. Das Auto blieb zunächst ein Spielzeug der Reichen.

Die große Chance für das Automobil kam während, vor allem aber nach dem verheerenden Ersten Weltkrieg und dem Ende der Monarchie – im Deutschland der Weimarer Republik. Lange vor und während des Krieges war die Bedeutung des Automobils und auch des Flugzeugs für den Kriegseinsatz von den Militärs erkannt und seine Entwicklung gefördert worden. So hatte die Technik im Ersten Weltkrieg einen großen Sprung nach vorne gemacht: Auch dem Flugzeug wurden „die Kinderkrankheiten ausgetrieben“, indem man für sie wie auch für die Zeppeline leistungsfähige Motoren ent-

Der kleine Innenlenker, Typ RU OA 104.

Entwurfsskizze für den Aufbau des offenen Wagens mit kurzem Radstand (»R-T-AU«).

Oben links und oben: Boot oder Badewanne? Aufsehen erregten im Jahr 1921 die auffälligen Formen der von Edmund Rumpler nach aerodynamischen Gesichtspunkten gebauten Rumpler Tropfen-Autos. Wirtschaftlich war dem „R-T-Au“ jedoch kein Erfolg beschieden, denn nur etwa 100 Wagen verließen das Werk in Berlin-Johannisthal.

Fabrikat der Firma Rudolf Ley, Automobilfabrik Arnstadt

Fahrzeuge mit Stromlinienkarosserien fanden besondere Aufmerksamkeit. Diesen Stromlinienwagen der Automobilfabrik Rudolf Ley in Arnstadt (Thüringen) entwarf in den zwanziger Jahren der Aerodynamiker Paul Jaray.

Rechts: Der in Apolda gebaute Apollo 4/20 PS wurde schon 1921 mit einzeln aufgehängten Vorderrädern geliefert.

4/20 PS S.H.W. Leichtwagen.

VORAN-VIERSITZER-PHAETON MIT VORDERRADANTRIEB

MAYBACH-INNENSTEUER-LIMOUSINE, TYPE 22/70 PS, OHNE SCHALTUNG

MERCEDES-BENZ-6-LITER-24-STEUER-PS MIT KOMPRESSOR, MODELL K

Der SHW-Wagen (links) aus dem Jahr 1925. Er war durch seine selbsttragende Aluminiumkarosserie, Einzelradaufhängung und Frontantrieb konstruktiv wegweisend. Richard Bussien stellte 1926 mit dem Voran-Wagen (oben) sein Konzept für einen Frontantriebswagen vor.

Maybach (oben) – im Ersten Weltkrieg durch zuverlässige Zeppelinmotoren bekannt geworden wurde in den zwanziger und dreißiger Jahren als Produzent von Luxusautos legendär. Optisch gelungen, sehr teuer und deshalb Traumwagen der „goldenen zwanziger Jahre" war der Kompressor-Wagen von Mercedes (rechts).

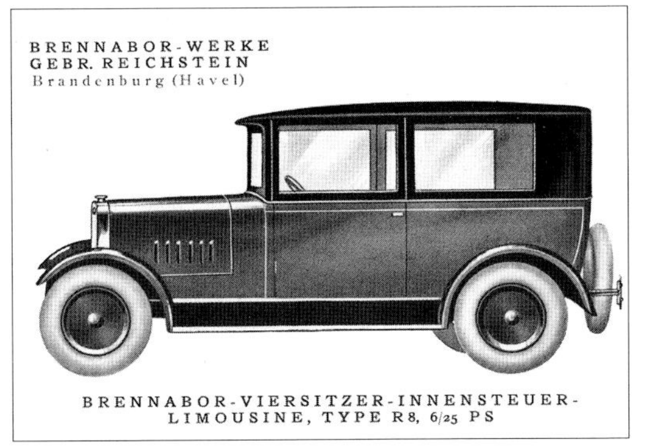

BRENNABOR-VIERSITZER-INNENSTEUER-LIMOUSINE, TYPE R8, 6/25 PS

OPEL 4 PS-ZWEISITZER

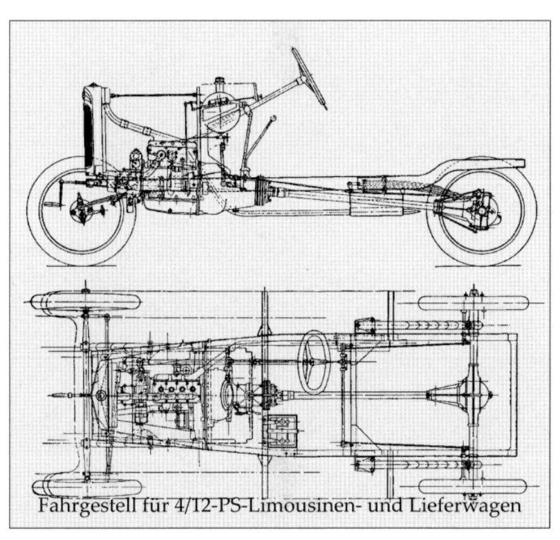
Fahrgestell für 4/12-PS-Limousinen- und Lieferwagen

Nach dem Vorbild der Fordwerke in den USA wurden ab 1924 bei Brennabor in Brandenburg (links) und bei Opel in Rüsselsheim Pkw auf dem Fließband gebaut.

wickelte. Das Automobil wurde als Beförderungsmittel verbessert und perfektioniert, neue Fertigungs- und Reparaturmethoden entwickelt. All diese neuen Technologien und Verfahren fanden nun ihren Weg in den gängigen Automobilbau. Zudem hatten viele der nun heimkehrenden Soldaten die Techniken des Kraftwagen- und Flugzeugbaus während der Kriegsjahre kennengelernt und aus so manchem Dorfschmied war inzwischen ein gestandener „Autoschlosser" geworden.

Obwohl schon vor dem Krieg wegen mangelnder Kaufkraft gescheitert, kamen erneut einige Konstrukteure auf den Gedanken, den inzwischen von Henry Fords „Tin Lizzy" geebneten Weg zu beschreiten und auch in Deutschland ein Volksautomobil zu bauen. Doch man musste sehr bald einsehen, dass Deutschland nicht mit den Vereinigten Staaten gleichzusetzen war. Oftmals skurril und zu wenig automäßig konstruierte Klein- und Kleinstwagen mit heute merkwürdig klingenden Markennamen wie Slaby-Beringer, Mops, Spinell, Mollmobil, Thiele, Helios oder Grade samt Produzenten von „richtigen" Autos, wie Dürkopp, Elite, HAG, Komnick, Pluto oder Mauser – heute ebenfalls fremd anmutende Markennamen – verschwanden rasch und für immer von der Bildfläche. Aber viele dieser kleinen „Inflationsfirmen" waren echte Ideenschmieden und Urheber zahlreicher interessanter, technisch bereits weit fortgeschrittener Ideen und Erfindungen (heute Innovationen), wie beispielsweise Motoren mit obenliegender Nockenwelle und im Zylinderkopf hängenden Ventile gab es bereits vor dem Ersten Weltkrieg. Die Kleinen hatten gezeigt, dass diese neuen Techniken zuverlässig auch bei sportlich orientierten Kleinwagen einzusetzen waren. Andere Hersteller experimentierten mit neuen Radaufhängungen oder versuchten, die Fahreigenschaften der Autos durch neue Federsys-

Der „Kleine Hanomag" 2/12 PS.

teme zu verbessern. Es wimmelte von technischen Neuerungen, die aber oft noch keinen praktischen Eingang in den deutschen Automobilbau fanden. Viele etablierte deutsche Autohersteller befanden sich noch in einer „Erstarrungsphase" und blieben zunächst der Vorkriegsbauweise sowie alten handwerklichen Organisationsstrukturen in der Produktion treu – und damit bei der Konstruktion von neuen Automodellen beim Bewährten und damit auch Veralteten. Nicht selten beschränkten sich die Konstrukteure auf das Kopieren moderner amerikanischer Automodelle, jedoch mit dem Ergebnis, dass deutsche Automobile stets einen Schritt hinter den neuesten ausländischen Konstruktionen zurückblieben.

Aber langsam setzten sich – nun besonders in Deutschland – die Querdenker durch. Aufsehen erregten durch ihre auffällige Form das nach aerodynamischen Gesichtspunkten gebaute Rumpler Tropfen-Auto (1921) und Fahrzeuge nach Stromlinienentwürfen von Paul Jaray, Hans J. Keitel oder Freiherr Reinhard Koenig-Fachsenfeld. Apollo fertigte 1921 im thüringischen Apolda ein Auto mit einzeln aufgehängten Vorderrädern. Maybach – im Ersten Weltkrieg durch zuverlässige Zeppelinmotoren bekannt geworden – stieg 1922 mit seinem qualitativ hochwertigen Typ W 3 in die Luxusklasse des Automobilbaus ein. Mercedes baute 1923 zum ersten Mal kompressoraufgeladene Motoren serienmäßig in Automobile ein und der SHW-Wagen (Schwäbische Hüttenwerke GmbH) mit seiner selbsttragenden Aluminiumkarosserie, Einzelradaufhängung und Frontantrieb aus dem Jahr 1925 war konstruktiv wegweisend, blieb aber nur ein in Fachkreisen vielbeachtetes Einzelstück. Leichtbauweise, Plattformrahmen und Einzelradaufhängung wurde zum Beispiel durch Konstrukteure wie Hans Gustav Röhr und Joseph Dauben forciert. Und Richard Bussien stellte 1926 mit dem Voran-Wagen sein Konzept für einen Frontantriebswagen vor.

Inzwischen wurden auch in Deutschland – nach dem Vorbild der amerikanischen Fordwerke – bei Opel in Rüsselsheim und bei Brennabor in Brandenburg Autos auf dem Fließband gebaut. Hanomag in Hannover versuchte mit seinem pontonförmigen 2/10-PS-Kleinwagen – wegen dieser außergewöhnlichen Form auch „Kommissbrot" oder „Kohlenkasten" genannt – ein Volksautomobil zu etablieren. Ein damals weit verbreiteter Reim spottete: *„Ein Kilo Blech, ein Kilo Lack und fertig ist der Hanomag!"* Mit diesen mutigen Versuchen wollten deutsche Autohersteller den schon längst in Massenfertigung hergestellten und günstig angebotenen amerikanischen Automodellen Paroli bieten. Einfuhrzölle und Aufforderungen in Werbeanzeigen, mit der Botschaft *„Deutsche kauft deutsche Kraftfahrzeuge"*, sollten diese Bemühungen unterstützen.

Links: Der „Kleine Hanomag" 2/10 PS aus Hannover wurde wegen seiner außergewöhnlichen Form auch „Kommissbrot" oder „Kohlenkasten" genannt. Ein damals weit verbreiteter Reim spottete über ihn: „Ein Kilo Blech, ein Kilo Lack und fertig ist der Hanomag!". Doch der kleine Wagen aus Hannover bewährte sich in der Praxis. Das Dr. Paul Wolff & Tritschler-Foto zeigt den „Kleinen Hanomag" 1933 auf großer Fahrt (820/22).

Opel, seit 1929 unter den Fittichen der amerikanischen Konzerns General Motors, bot seinen P4-Kleinwagen 1936 für 1.450 Reichsmark (RM) an. Fließbandproduktion – oben und oben links die Montage des P4 Mitte der dreißiger Jahre – war inzwischen nicht nur bei Opel selbstverständlich, auch fast alle anderen deutschen Hersteller gingen nach und nach zu dieser modernen Fertigungsweise über. Links die Fließbandproduktion bei Wanderer in Sachsen (1508/163 (oben links), 1508/178 (oben) und 185/48 (links).

Werbungen des Deutschen Automobil Konzerns (DAK, links) und der Gemeinschaft Deutscher Automobilfabriken (GDA) aus der Zeitschrift „Sport im Bild" von 1924 (oben).

Um dem Konkurrenzdruck besser entgegentreten zu können, schlossen sich einige deutsche Automobilfirmen zu Produktions- oder Verkaufsgemeinschaften zusammen. Beispiele sind hier die Unternehmen Dux, Magirus, Presto und VOMAG, die den Deutschen Automobil Konzern (DAK) bildeten sowie die aus NAG Hansa-Lloyd, Brennabor, Hansa, HAWA, Helios bestehende Gemeinschaft Deutscher Automobilfabriken (GDA). In den dreißiger Jahren entstand aus den Marken DKW, Wanderer, Audi und Horch die Auto Union. Obwohl Deutschland auf dem Gebiet der Automotorisierung (noch) weit zurücklag – Ende der zwanziger Jahre kam beispielsweise nur auf jeden 200. Einwohner ein Kraftfahrzeug – war das Interesse an diesem technischen Wunderwerk inzwischen deutlich größer geworden. Das Automobil versprach Freiheit, und über verstopfte Straßen, rote Ampeln und Parkplatzprobleme musste sich zu dieser Zeit niemand Sorgen machen. Allerdings konnten sich damals nur gut betuchte Leute ein Auto leisten. Selbst ein kleiner Opel, Brennabor oder Hanomag war für die breite Masse unerschwinglich. Daher war Ende der zwanziger Jahre ein Auto auf der Landstraße immer noch ein seltener Anblick. Dies sollte aber schon recht bald ändern!

Kurz vor und während der verheerenden Weltwirtschaftskrise (1929) tat sich dann allmählich etwas auf den Zeichenbrettern der deutschen Autokonstrukteure bzw. der Autoindustrie: Fertigungskosten, Zuverlässigkeit und Fahreigenschaften der Fahrzeuge sollten verbessert werden. Im Jahr 1927, als Autohersteller wie Apollo oder Steiger die Produktion für immer einstellten, begannen die Frankfurter Adlerwerke mit der Lieferung ihres neuesten Modells Standard 6 – dem ersten deutschen Auto mit einer hydraulischen Bremsanlage. Zudem wurden durch die Einführung von Einzelradaufhängung, Leichtbauweise und Tiefbettkastenrahmen neue Bauprinzipien salonfähig. Für diese Fortschritte im deutschen, ja europäischen Automobilbau standen 1927 die Röhr Auto AG aus dem hessischen Ober-Ramstadt mit dem Röhr 8 und 1931 auch Mercedes mit dem Typ 170 (W15). Ab Mitte der dreißiger Jahre gab es in Deutschland kaum noch einen Autohersteller, der nicht mindestens ein Modell mit Einzelradaufhängung angeboten hätte. Den Frontantrieb führten in Deutschland 1931 Stoewer mit dem V5 und DKW mit dem F1 in den Automobilmarkt ein. 1932 kamen diese Konstruktionsmerkmale auch bei den Adler Frontantriebswagen Trumpf und 1934 Trumpf Junior zur Anwendung. Sogar

Deutsche,
kauft deutsche Kraftfahrzeuge!

Besuchen Sie die

Deutsche Automobil-Ausstellung Berlin 1925

Ausstellungshallen Kaiserdamm,
26. November bis 6. Dezember

Die ausgestellten Wagen zeigen deutsche Werkmannsarbeit, höchste Qualität und Einstellung auf deutsche Erfordernisse

Warum also einen ausländischen Wagen kaufen?

Wollen Sie etwa das Heer der Arbeitslosen dadurch vermehren und ganze Industriezweige, ja, sich selbst brotlos machen?

Kaufen Sie ausländische Wagen, so fließt Ihr Geld, der deutschen Wirtschaft entzogen, ins Ausland. Kaufen Sie deutsche Wagen, geben Sie es der deutschen Automobil-Industrie, die mit diesem Geld die Produkte deutscher Kohlengruben, Eisenhütten, Walzwerke, Fabriken, den Lebensunterhalt von Hunderttausenden von Arbeitern und Angestellten bezahlt.

Deutsche,
kauft deutsche Kraftfahrzeuge!

Das **SCHWINGACHSPRINZIP** — das ist: der Bewegung einer Maschine die Starrheit nehmen und sie dafür wie ein lebendes Wesen sich jeder Unebenheit anpassen lassen. — Statt an einer starren Achse hängen die Vorderräder an zwei starken Querfedern und die Hinterachse ist geteilt: an einem starren Antriebsgehäuse hängen die pendelnden Achshälften. — Wie die

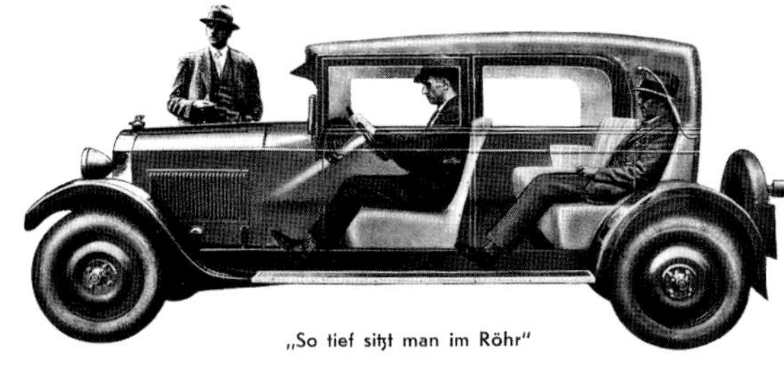

„So tief sitzt man im Röhr"

Tatze eines schleichenden Tieres gleitet jedes Rad unabhängig vom anderen und von der Masse, die es trägt, über den Boden — ohne Erschütterung, festgesaugt an die Straße, gleitet der Wagen dahin. — Stellen Sie sich vor, daß die unabgefederten Massen eines normalen Wagens zweihundertfünfzig Kilogramm wiegen — 250 Kilogramm, gestossen von jedem Stein, emporgeworfen von jeder Erhöhung, tanzen zwischen dem Wagenkasten und der Straße —

Einbau der Schwingachsen

welche Federung kann das ausgleichen, wenn das ganze Fahrzeug nur ca. 1200 kg schwer ist? Nur das Prinzip, jedes Rad einzeln abzufedern — ein Rad wiegt 18 kg — gibt unserem Wagen den ruhigen, alle Unebenheiten des Bodens ausgleichenden und darum überwindenden Gang.

Extrablatt der „Motor-Kritik"

(Nur in einem Teil der Auflage enthalten.)

Die DKW-Frontantrieb-Fahrmaschine ist da!

Wie aus den uns soeben (nach Redaktionsschluß) zugekommenen Unterlagen hervorgeht, handelt es sich hier um ein Gefährt, das berufen erscheint, die Motorisierung Europas zu revolutionieren. Der nur 350 kg wiegende zwei- bis dreisitzige Roadster (Preis 1685 Mark) besitzt Tiefbaurahmen, einzelgefederte Räder und Frontantrieb durch einen zwischen den Vorderrädern placierten Block, der Differential, Dreiganggetriebe mit Rücklauf und wassergekühlten Zweizylinder-Zweitaktmotor von 500 ccm Zylinderinhalt vereinigt. Kombinierte Lichtanlassermaschine als Schwungradersatz. In Oel laufende Viellamellenkupplung. Vierradbremse, Schalthebel am Armaturenbrett. Das Wägelchen wird auch als zweisitziges Kabriolett geliefert. Das ist ein solcher Wagen, wie ihn die so arm gewordene Welt braucht.

Ausführlicher Artikel folgt.

Antriebs - Aggregat: Wassergekühlter 500-ccm - Zweizylinder - Zweitakter mit Umlauf - Dyno - Anlasser, Lamellenkupplung, Dreiganggetriebe mit Rücklauf, Vorderantrieb-Differential.

Werbebotschaft „Deutsche, kauft deutsche Kraftfahrzeuge" von 1925 (links). Der Röhr 8 (oben Mitte) mit Einzelradaufhängung, Leichtbauweise und Tiefbettkastenrahmen war 1927 ein Meilenstein der Automobilentwicklung in Deutschland. Dies galt – ebenfalls in Deutschland – auch für den Frontantrieb, den 1931 die Unternehmen DKW mit dem F1 (rechts oben) und Stoewer mit dem V 5 (Skizze ganz rechts) in den Automobilmarkt einführten. Rechts eine Werbeaufnahme des Stoewer V 5 (518/99).

bei größeren Fahrzeugen wie zum Beispiel dem Audi Front wurde der Vorderradantrieb verwendet. Und mit der Zeit ersetzte die Ganzstahlkarosserie die noch aus dem Kutschenbau stammende Gemischtbauweise, bei der das Karosserieblech über ein tragendes Untergestell aus Holz genagelt war. Ausgehend von der Ganzstahlkarosserie

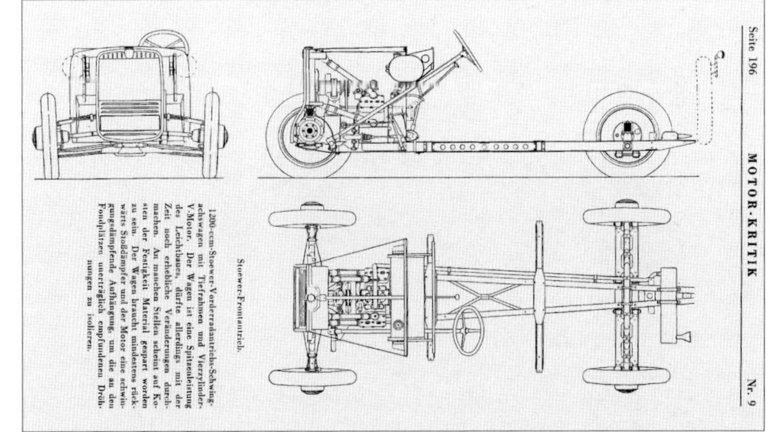

Seite 196 — MOTOR-KRITIK — Nr. 9

Stoewer-Frontantrieb.

1200-ccm-Stoewer-Vorderradantriebs-Schwingachswagen mit Tiefrahmen und Vierzylinder-V-Motor. Der Wagen ist eine Spitzenleistung des Leichtbaues, dürfte allerdings mit der Zeit noch erhebliche Veränderungen durchmachen. An manchen Stellen scheint auf Kosten der Festigkeit Material gespart worden zu sein. Der Wagen braucht mindestens rückwärts Stoßdämpfer und der Motor eine schwingungsdämpfende Aufhängung, um die an den Fondplätzen unerträglich empfundenen Dröhnungen zu isolieren.

setzte sich dann immer mehr die selbsttragende Karosserie durch. Eine Vorreiterstellung in Deutschland nahmen hier 1935 die Rüsselsheimer Opelwerke mit ihren Modellen Olympia, Kadett (1937) und Kapitän (1938) ein.

Nach der „Machtergreifung" der Nationalsozialisten am 30. Januar 1933 wurde der Ruf nach einem „Volkswagen" wieder laut. Opel – seit 1929 unter den Fittichen der amerikanischen Konzerns General Motors – bot seinen P4-Kleinwagen 1936 für 1.450 Reichsmark (RM) an. Fließbandproduktion war inzwischen nicht nur bei Opel selbstverständlich, auch fast alle anderen deutschen Hersteller gingen mehr oder weniger zu dieser modernen Fertigungsweise über. Allmählich wurde so das Auto für den Mittelstand – ein Arbeiter verdiente damals um die 100 RM – interessant.

Hitler hatte mit dem „Volkswagen" aber seine eigenen Pläne und hatte bereits bei Ferdinand Porsche die Entwicklung des „Kraft durch Freude"-Wagens (KdF-Wagen) in Auftrag gegeben. 990 Reichsmark sollte dieses – mit Heckmotor und Heckantrieb in seiner Konzeption eigentlich veraltete – Fahrzeug kosten. Opel rückte mit dem P4 auch gefährlich nahe an die Preisregion von Hitlers KdF-Wagen heran und bekam auch prompt das Verbot auferlegt, Autos in dieser Preisregion anzubieten. Auf Wunsch des Führers sollte es nur einen „Volkswagen" geben. Erfolgreich und zum wahren „Volkswagen" wurde der KdF-Wagen als VW „Käfer" aber erst nach dem Zweiten Weltkrieg.

Nach ihrer „Machtergreifung" bedienten sich die Nationalsozialisten fleißig aus dem Ideengut von Vordenkern und setzten dies auch um. Eine dieser Ideen war die Reichs-

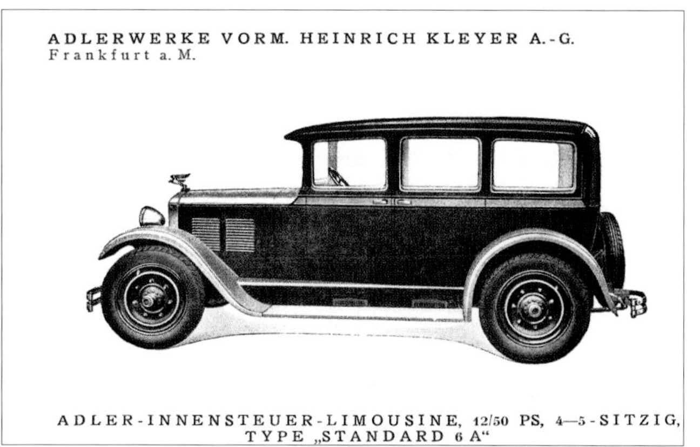

Der Adler Standard 6 (oben) war das erste Serienauto in Deutschland mit einer hydraulischen Bremsanlage. Der erste „Vollschwingachser" von Mercedes (rechts) – ein Wagen des Typs 170 W 15 aus dem Jahr 1931.

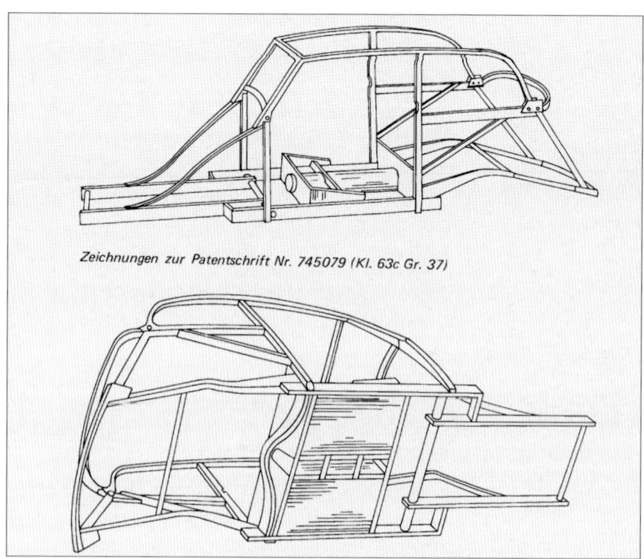

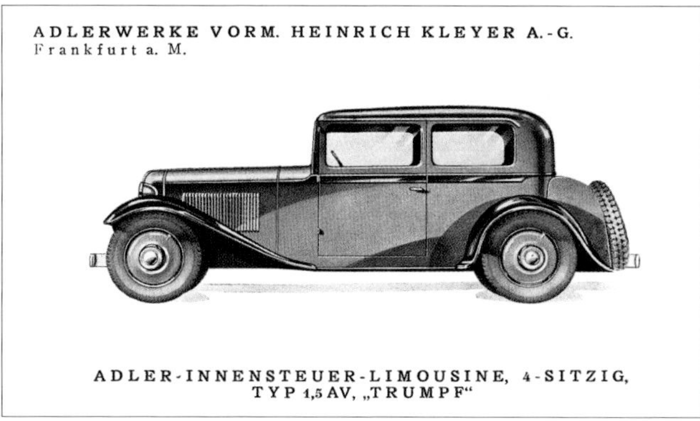

Fortschritt aus Frankfurt am Main: Die Adler Frontantriebswagen Trumpf und Trumpf Junior. Und Fortschritt aus Rüsselsheim: Ausgehend von der Ganzstahlkarosserie setzte sich mit dem Opel Olympia (Skizze rechts oben und Abbildung rechts) die selbsttragende Karosserie durch.

Links und oben: 1939 stellte Hanomag mit seinem 1,3 Liter Typ 13 einen weiteren Stromlinienwagen vor („Autobahn-Hanomag").

Oben rechts und ganz rechts: Bernd Reuters-Werbung für das erste richtig in Serie gebaute Stromlinienauto in Deutschland, dem Adler 2,5 Liter Typ 10 – im Volksmund auch „Autobahnadler" genannt.

autobahn, die nun im wahrstem Sinne des Wortes aus dem Boden gestampft wurde (siehe das EK-Buch „Der Autobahnschnellverkehr der Deutschen Reichsbahn"). Bedingt durch diese Hochgeschwindigkeits-Straßen musste sich die Autoindustrie vermehrt Gedanken über die Aerodynamik machen. Mit Wagen wie der Röhr 8 Typ F-Autenrieth-Stromlinien-Limousine (1932) oder dem Mercedes 500 K „Autobahn-Kurier" (1935) entstanden zunächst schnittige Wagen die zwar stromlinienförmig wirkten, deren Karosserien aber nicht im Windkanal entwickelt worden waren. Tatsächlich hatten diese wohl eher den Luftwiderstand einer Doppelgarage. Aber richtige Stromlinienkarosserien wie sie von Paul Jaray oder Freiherr Reinhard Koenig-Fachsenfeld entworfen worden waren, empfanden die Leute allgemein als hässlich.

Trotzdem setzte sich die Aerodynamik im Automobilbau allmählich durch und wurde auch in Deutschland nach und nach salonfähig. Zunächst entstanden diese Stromlinienautos auf den Fahrgestellen der unterschiedlichsten Autohersteller noch auf Kundenwunsch in Einzelfertigung. Hier machte sich besonders der Reutlinger Karosseriebetrieb Wendler einen Namen. Erstes in größerer Serie produziertes Stromlinienauto war 1934 der Tatra Typ 77 aus dem tschechischen Nesselsdorf. Mit dem Adler 2,5 Liter Typ 10 – im Volksmund „Autobahnadler" genannt – erschien im Jahr 1937 das erste serienmäßige deutsche Stromlinienauto. Die imposante Karosserie mit dem riesigen Stahlschiebedach war eine Sensation. 1939 stellte Hanomag mit seinem 1,3 Liter Typ 13 einen weiteren Stromlinienwagen („Autobahn-Hanomag") vor. Sein Verkauf lief sehr gut und vielversprechend. Weitere deutsche Hersteller wie Auto Union oder BMW arbeiteten ebenfalls an Automodellen, die unter aerodynamischen Gesichtspunkten gestaltet wurden. Der Zweite Weltkrieg bereitete allerdings allen Entwicklungen im Fahrzeugbau ein Ende und die Industrie musste sich auf Rüstungsgüter einstellen. Nach der „Stunde Null" hatten die Deutschen

Rechts: Kfz-Massenproduktion vor dem Zweiten Weltkrieg, hier bei Opel in Rüsselsheim, vorne beispielsweise – mit Fließheck und Front – Wagen des Typs Kapitän. Ein Bilddokument von Dr. Paul Wolff & Tritschler von 1938/39 (2049/448).

„Wie aus einer anderen Welt" wirkte dieser Wagen in den dreißiger Jahren: 1934 war der Tatra Typ 77 aus Nesselsdorf/Kopřivnice (bei Mährisch Ostrau/Ostrava, Tschechoslowakei) das erste in größerer Serie produziert Stromlinienauto (oben 1223/11, links 1223/15).

ganz andere Probleme als Autos, und erst mit Beginn des Wirtschaftswunders Mitte der fünfziger Jahre kam zunächst die Ära der Rollermobile wie Fuldamobil bzw. Messerschmitt- oder Heinkel-Kabinenroller und BMW-Isetta. Dies ist aber wieder eine ganz andere Geschichte. ❑

Sie bauten Autos

Schier unvorstellbar ist für uns heute die bunte Vielfalt von Automobilherstellern, die es in der Zeit nach dem Ersten Weltkrieg in Deutschland gab. Gedüngt durch eine von der Inflation angeheizten Flucht in Sachwerte, schossen in Deutschland Autofabriken gleichsam wie die Pilze aus dem Boden, nur um dann wie Eintagsfliegen nach kurzem und geschäftigem Dasein sang- und klanglos aus dem Leben zu scheiden. Der Grund für die Schwindsucht dieser „Inflationsfirmen" lag zumeist in unrationellen Fertigungsmethoden und sehr dünnen Kapitaldecken. Sie fertigten Autos in handwerklicher Manier, in Produktionsstätten, die oft

AGA-VIERSITZER-PHAETON, TYPE C, 6/20 PS

GEBR. REICHSTEIN, BRENNABOR-WERKE
Brandenburg (Havel)

BRENNABOR-INNENSTEUER-LIMOUSINE, 4-SITZIG, TYPE IDEAL

Der AGA aus Berlin (links) sollte der erste deutsche „Volkswagen" werden. Allerdings fertigte diese Fabrik noch nicht am Fliesband, und die Verkaufszahlen des 6/20 PS Typ C waren eher ernüchternd. Ende 1924 stieg Brennabor in Brandenburg an der Havel (rechts) in die Massenfertigung ein und produzierte auf dem Fließband täglich bis zu 100 Autos. Hier der um 1929 gebaute Typ Ideal.

ADAM OPEL
Rüsselsheim a. M.

OPEL-4 PS-INNENSTEUER-LIMOUSINE

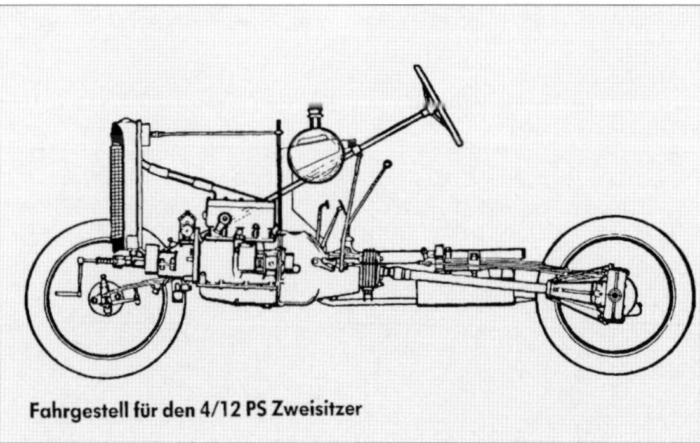
Fahrgestell für den 4/12 PS Zweisitzer

Im Frühjahr 1924 wagten die Opelwerke in Rüsselsheim mit Ihrem 4/12-PS-Modell als erster deutscher Autohersteller die Produktion am Fließband. Der Wagen war eigentlich eine Kopie des französischen Citroën 5 CV und wurde im Volksmund „Laubfrosch" genannt.

Oben und unten: Sehr frühe Leica-Aufnahmen von Dr. Paul Wolf von der Fließbandarbeit bei Opel in Rüsselsheim, entstanden um 1927 (oben 10/8, unten 10/24).

nicht mehr waren als ein paar Holzbaracken auf irgendeinem Hinterhof, und gegen ausländische Hersteller wie Ford oder Citroën, die schon in Massen Fahrzeuge rationell und durchorganisiert auf dem Fließband produzierten, hatten sie nicht den Hauch einer Chance. Es gab in dieser Zeit in Deutschland aber auch schon Automobilfirmen, die ihr wirtschaftliches Heil in der Massenfertigung suchten:

1915 wurde in Berlin-Lichterfelde die Autogen-Gas-Akkumulatoren AG gegründet. Nach dem Ersten Weltkrieg musste sich die AGA – wie so viele andere in der Rüstung tätige Fabriken – ein neues Betätigungsfeld suchen. Die Verantwortlichen entschlossen sich, ihr Glück im Automobilbau zu suchen. Der ab Oktober 1919 gebaute AGA sollte

Links und rechts: Zuführung und Montage der Räder am Fließband bei Wanderer, vermutlich in der 1928 neu in Betrieb genommen Fabrik in Siegmar bei Chemnitz. Siegmar wurde 1950 eingemeindet und ist seither Stadtteil von Chemnitz – zwischen 1953 und 1990 Karl-Marx-Stadt (links 185/6, rechts 185/31).

so etwas wie der erste deutsche „Volkswagen" werden. Allerdings fertigte diese Fabrik noch nicht am Fließband und die Verkaufszahlen des 6/16 PS Typ A und später des 6/20 PS Typ C waren insgesamt eher ernüchternd.

Im Frühjahr 1924 wagten die Opelwerke in Rüsselsheim als erster deutscher Autohersteller die Produktion am Fließband. Der Opel „Laubfrosch" – das erste am Fließband gefertigte deutsche Auto – war im Grunde genommen der Nachbau des französischen

Citroën 5 CV. Dass sich der Opel vom Citroën nur durch Rechtslenkung, einen etwas größeren Hubraum des Motors und durch einen anders geformten Kühler unterschied, kam Opel bei einem folgenden Rechtsstreit zugute. Vom Vorwurf des Plagiates zwar freigesprochen, hingen dem ersten deutschen Großserienfahrzeug im Volksmund aber die geflügelten Worte „Dasselbe in Grün" an: Der Citroën wurde in Gelb geliefert, während die Käufer des Opel nur die Farbe Grün wählen konnten – eben wie einen „Laubfrosch".

Ende 1924 stieg mit Brennabor in Brandenburg an der Havel eine weitere deutsche Autofabrik in die Massenfertigung ein und stellte täglich auf dem Fließband bis zu 100 Automobile her. *„Ein bisschen Lack, ein bisschen Rohr und fertig ist der Brennabor"*, riefen die Kinder diesen relativ weitverbreiteten, aber als einfach geltenden Automobilen aus Brandenburg nach. Für die kurze Zeit bis zur Weltwirtschaftskrise 1929 war Brennabor hinter Opel die zweitgrößte deutsche Automobilfabrik. Die Firma, die übrigens ebenso

Das Auflegen des Chassis des Opel P4 auf das Fertigungsband (links, 1508/71). Als diese Aufnahme 1935 entstand, hatte Opel schon mehr als zehn Jahre Erfahrung mit der Serienfertigung am Band. Brennabor hatte zwei Jahre zuvor die Produktion von Automobilen für immer eingestellt. Das Unternehmen in Brandenburg an der Havel war einer der größten deutschen Autobauer und ebenfalls ein Pionier der Fließbandfertigung. Die Aufnahme in der Mitte zeigt, wie der Motor in das Chassis eingebaut wird (1508/16). Rechts werden Chassis und Karosserie zusammengefügt, in der Fachsprache als „Hochzeit" bezeichnet. Trotz ihrer Routine waren 1935 bei der Produktion des Opel P4 noch drei bis vier Mitarbeiter notwendig, um diesen entscheidenden Arbeitsschritt in der Autoproduktion durchzuführen zu können (1508/28).

Opel P4 in der Endfertigung (1508/102).

Die Fotoserie aus dem Jahr 1936 zeigt die Karosseriefertigung für einen Opel P4. Das Presswerk mit seinem Höllenlärm und den Karosseriebau mit Punktschweißzangen erlebte der Autor noch als junger Opel-Mitarbeiter (oben 1510/103, rechts 1508/331).

Kinderwagen und Fahrräder baute, beschäftigte 6.000 Mitarbeiter. Auch andere deutsche Hersteller wie Adler, Hanomag, BMW oder Röhr komplettierten ihre Automobile bald auf einfachen, fließbandähnlichen Fertigungslinien. Nur allmählich setzten sich in den Chefetagen der deutschen Autofabriken diese neuen, überlebensnotwendigen Ideen durch, denn ein Hauptproblem des deutschen, ja auch des europäischen Automobilbaus war damals häufig das Kopieren von amerikanischen Konstruktionen. Das starre Festhalten an alten Bauweisen und das ideenlose Nachbauen amerikanischer Fahrzeugtypen hatte zuvor in eine technische Krise geführt, aus der sich die deutsche Automobilindustrie nur allmählich durch Innovationen wie Einzelradaufhängung, Frontantrieb und neue Karosserieformen zu lösen begann.

Selbstbewusst präsentierten diese Firmen dann auf Automobilausstellungen oder natürlich auch in Form von Zeitschriftenwerbungen und Prospekten ihre neuesten Fahrzeugmodelle. Die gut arrangierten Hochglanzfotos der modernsten und schönsten Automobile in den Werbeanzeigen ließen die Kaufinteressenten – nicht ohne Absicht – vergessen, wo die vierrädrigen „Kultobjekte" ihre Existenz begannen und von wem sie zum Leben erweckt wurden. Die dunklen Werkhallen der Automobilfabriken, in denen

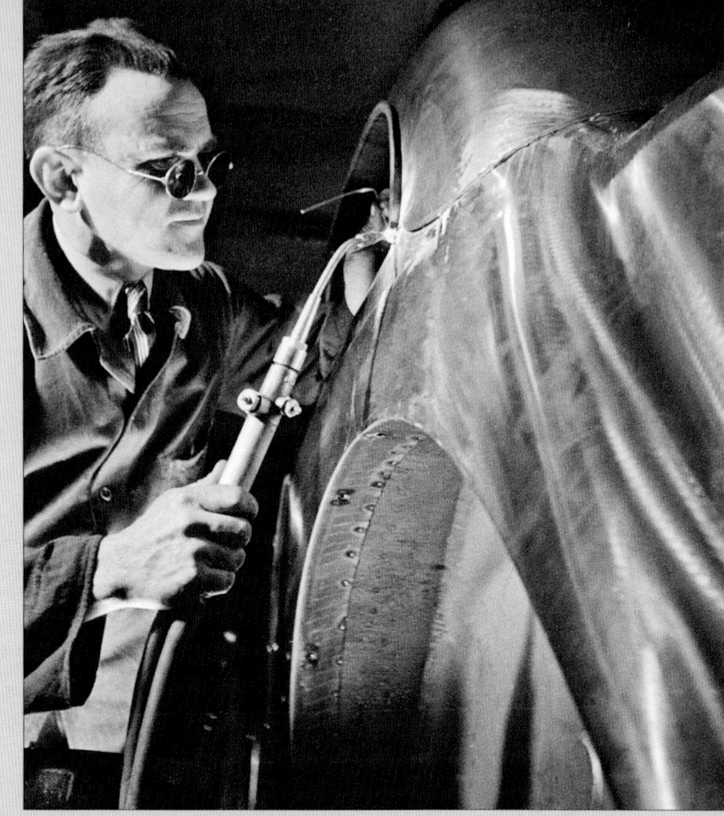

Fotoserie von 1936 über die Karosseriefertigung des Opel „Olympia". Modernisiert fand die Olympia-Bauform auch noch bei den Modellen in den frühen fünfziger Jahren Verwendung.
(Links 1508/371, oben Mitte 1508/288 und oben rechts 1508/424)

Arbeiter unter heute teilweise unmenschlich anmutenden Bedingungen in Staub, Dreck und Öl die Autos bauten, kamen den Käufern beim Betrachten der Werbebilder und Prospekte kaum in den Sinn. Arbeiter fehlen deshalb in den Darstellungen von Hochglanz-Werbebroschüren der Automobilwelt völlig. Außerdem konnten sich Arbeiter ihr Produkt natürlich nur in Ausnahmefällen leisten. In Prospekten und Zeitungswerbungen waren die Zielpersonen zu sehen, die als Käufer in Frage kamen: Elegant gekleidete Damen und Herren der oberen Mittelschicht und Oberschicht der Gesellschaft.

Umso bemerkenswerter war es, wenn eine Automobilfabrik ihre Produktionsstätten, die verschiedenen Abteilungen und die einzelnen Arbeitsabläufe dokumentierte, um diese dann stolz in repräsentativer Buchform darzustellen. Beispiele hierfür sind die Bücher „So entsteht ein Auto" mit Texten von Paul G. Gerhardt für die Frankfurter Adlerwerke aus dem Jahr 1929 oder „Am laufenden Band", 1936 von Heinrich Hauser für Opel verfasst. Fast schon selbstverständlich ist, dass für die fo-

Die Produktion des Opel Olympia im Jahr 1936. Links wird die Karosserie für die „Hochzeit" vorbereitet. Die Produktionsmethoden für den Olympia mit seiner selbsttragenden Karosserie mussten verändert werden. Für die „Hochzeit" wurden Achsen und Motor nun als einzelne Teile in die Karosserie eingebracht – rechts am Beispiel der Vorderachse (links 1508/217, rechts 1508/190).

Kurz vor bzw. nach Beginn des Zweiten Weltkriegs besuchte Dr. Paul Wolff die unterschiedlichsten Zulieferfirmen von Opel, um mit dem neuen Agfa-Color-Film eine Fotoserie für das einzigartige Buch „Im Kraftfeld von Rüsselsheim" aufzunehmen – heute eine Dokumentation ersten Ranges. Der Krieg verhinderte eine Neuauflage.

Oben von links nach rechts: F9/947, F9/951, F9/948, F9/944. Aufnahme rechts: F9/946

tografische Ausgestaltung beider Bücher das Frankfurter Fotostudio Dr. Paul Wolff & Tritschler verantwortlich war. Aber nicht nur für Aufnahmen in vielen weiteren Buch-Publikationen war Dr. Paul Wolff & Tritschler die erste Adresse für Opel, sondern auch von Sportfahrten, Reisedokumentationen, Ausstellungen sowie Schönheitskonkurrenzen. Und wie gut die Beziehungen zum Rüsselsheimer Autohersteller waren, zeigen zahlreiche Arbeiten, wie zum Beispiel im Jahr 1938 eine Dokumentation der Fertigung von Zulieferteilen bei Bosch für die Opelwerke. 1940 folgte dann der sensationelle Prachtband „Im Kraftfeld von Rüsselsheim", das von Stahlwerken, Walzwerken, Kugellagerfabriken über Glashütten, Webereien und Reifenhersteller das gesamte Umfeld der Opel-Zulieferbetriebe eindrucksvoll vorstellte. Dieses erste in Deutschland – im aufwendigen und damals noch komplizierten Vierfarbdruck – hergestellte Buch machte Druckgeschichte und war durch den neuen Agfa-Color-Film möglich geworden. Aus hunderten Dias hatte man schließlich 80 Motive für seine Gestaltung ausgewählt. Das von Heinrich Hauser verfasste „Im Kraftfeld von Rüsselsheim" verkaufte sich dann – nicht zuletzt durch die Farbaufnahmen – wie die berühmten warmen Semmeln, und die 50.000 Exemplare der Auflage waren, trotz der Kriegszeit, rasch vergriffen.

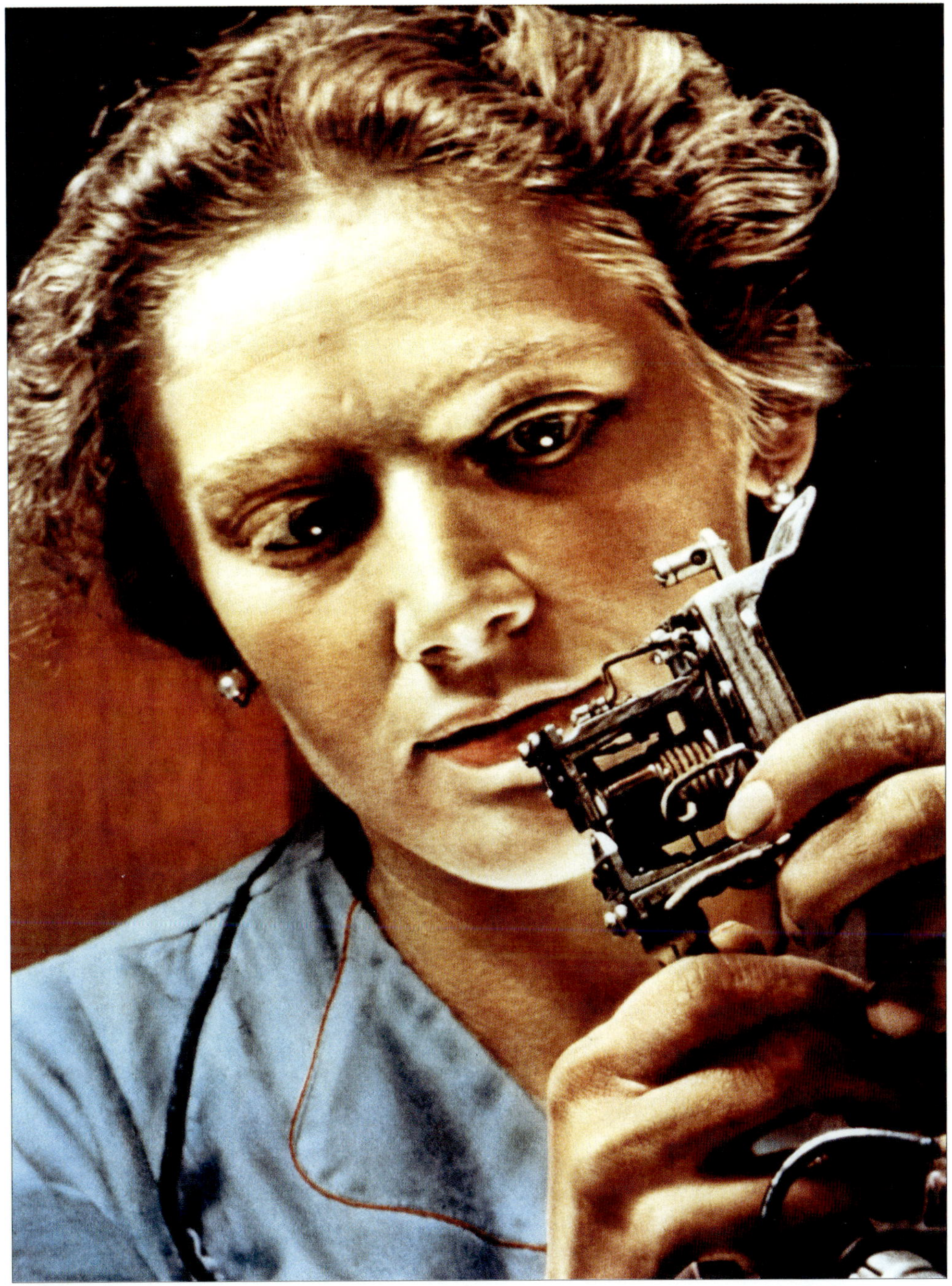

F9/950

F9/945

F9/943

F9/949

F9/952

Dr. Paul Wolff überließ die Vorarbeit dieses Buches keinem seiner etwa 20 Mitarbeiter (Alfred Tritschler war ja inzwischen als Kriegsberichterstatter bei der Wehrmacht). Er fertigte die beeindruckenden Aufnahmen dafür persönlich an und wagte sich bei ihrer Entstehung nicht nur wegen der Farbfotografie mit der kleinen Leica auf Neuland: Die Aufnahmebedingungen sowohl für den Fotografen und das Filmmaterial als auch für die Kamera waren ungewöhnlich und stellten sie vor schwere Aufgaben. Neben Hochöfen oder verflüssigtem Glas wurde die Kamera so heiß, dass sie kaum noch anzufassen war. Kaum jemand hätte sich unter diesen Anforderungen auf die Technik der Kleinbildkamera verlassen. Doch Dr. Paul Wolffs Leica bewährte sich auch unter härtesten Bedingungen. Die Arbeit in den Werkshallen der Automobilfabriken war beeindruckend für Dr. Paul Wolff und beeinflusste sicher auch seine persönliche Haltung zum entsprechenden Umfeld: *„Ich wünsche uns allen, dass wir hineindürfen in die hohen Maschinensäle …, hinein in die riesigen Hallen, in denen nach ehernem Zeitmaß die fertigen Kraftwagen vom Band rollen, hinein in die Unendlichkeit technischen Geschehens. Unsere Weltanschauung würde sich wandeln"*. Dr. Paul Wolff war es auch wichtig, Arbeiter und Arbeiterinnen authentisch bei ihrer Tätigkeit zu zeigen und nicht zu Statisten zu degradieren, also die Würde ihrer Arbeit wie auch die Ästhetik des hergestellten Produktes zu wahren. Dr. Paul Wolff stellte in seinen Fotografien den arbeitenden Mensch in den Mittelpunkt und nicht die kalte Industriewelt: *„Will man Industriefotograf sein, so muß man nicht nur verstehen, mit seiner Kamera und Licht umzugehen. Fast ebenso wichtig ist es auch, mit den Arbeitern umgehen zu können. Wer es nicht versteht, mit Takt und Einfühlungsvermögen den Arbeiter auf seine Aufgabe vorzubereiten, wird nie zum guten Industrie-Fotografen werden"*.

Eindrucksvoll zeigten die Aufnahmen – von der Härterei, zur Galvanik, über den Karosseriebau, dem Aufsetzen des Chassis auf dem Fließband, der „Hochzeit" (Montage der Karosserie auf das Chassis) und dem Einbau des Motors – das Entstehen eines Autos. Die große Präzision, die Konzentration und der Stolz der arbeitenden Menschen wurden durch seine Fotografien greifbar. Allerdings gerieten diese mit den gezeigten Arbeitsschritten sowie das hergestellte Produkt so ästhetisch – nebeneinander gereihte Kurbelwellen und übereinander geschichtete Kotflügel sehen aus wie Kunstwerke –, dass sie die oft harten Arbeitsbedingungen und die Schinderei der Menschen in einer Schmiede oder dem Karosserierohbau eines Automobilwerks vergessen ließen.

Links: Diese Aufnahme stammt aus der Buch-Dokumentation von 1938 über die Bosch-Zulieferteile. Sie zeigt auch, wie stark Frauen – hauptsächlich für Feinarbeiten – bereits in den Produktionsprozess der Unternehmen einbezogen waren, hier beispielsweise beim Zusammenbau von Bosch-Scheinwerfern für verschiedenste Opel-Modelle (2028/39).

Der Klein-Lkw Opel Blitz wurde ab 1935 in Brandenburg an der Havel produziert – dort, wo zwei Jahre zuvor Brennabor den Automobilbau eingestellt hatte. Aber sicher hatte Opel zahlreiche der ehemaligen Brennabor-Autofachleute übernehmen können, zumal Opel das Blitz-Werk wesentlich erweiterte. Jahrzehntelang war der Blitz in Deutschland im Alltag *der* Lieferwagen schlechthin, wurde aber auch 'zigtausendfach für die Wehrmacht gebaut. Die beiden Aufnahmen zeigen gestapelte Karosserie-Rohteile (oben, 1702/286) und die Produktionshalle (rechts, 1702/406).

Produktion des Opel Kapitän im Jahr 1938 (oben, 2049/2). An seiner Rohkarosse (oben rechts) werden soeben die Kotflügel montiert, während die Kühlerfront bereits am Vorderbau befestigt ist. (2049/45). Kurz vor dem Ende des Fließbandes (rechts) erhalten die fertigen Kapitäne ihre Räder (2049/198).

Der Lärm der Tiefziehpressen in einem Karosseriepresswerk, die Hitze der Schmiede oder beim Schmelzen von Stahl und Glas machten Dr. Paul Wolff mit seiner Leica nur für die kurze Zeit der Aufnahme Probleme – aber für die dort arbeitenden Menschen war es der anstrengende Betriebsalltag. Die körperliche Belastung und die schlechten Arbeitsbedingungen können auch die Fotografien von Dr. Paul Wolff nicht unmittelbar vermitteln. Sicher regten sie jedoch manchen Betrachter zum Nachdenken an und man kann vielleicht die mühevollen Tätigkeiten erahnen, die heute oft von Robotern erledigt werden. Menschen, die in den dreißiger Jahren den Opel Olympia, Adler Trumpf, Mercedes 170, Ford Eifel, Hanomag Sturm und andere Fahrzeuge fertigten, hatten Schwerstarbeit zu verrichten. Ein Auto zu bauen war damals wirkliche Knochenarbeit. Aber empfanden die Menschen dies wie wir heute? Nein, denn in den Zwischenkriegsjahren war man froh, überhaupt Arbeit zu haben und die Familie ernähren zu können. Zudem waren die Mitarbeiter in allen Bereichen stolz auf ihre Arbeit und das hergestellte Produkt. Diese Mitarbeiter – die meist übersehenen Schrittmacher unserer 125-jährigen Automobilgeschichte – sind heute vergessen und werden nur selten gewürdigt, während die Tätigkeit der Konstrukteure und Techniker oft als Pionierleistungen betrachtet werden. ❑

Opel hatte durch die Erfahrung mit der Massenproduktion einen sehr hohen Qualitätsstandard von Kadett, Olympia bis hin zu Kapitän und Admiral. Die Aufnahmen der Vorseiten und derjenigen rechts von 1939 können nur andeuten, dass Opel der größte deutsche Autohersteller vor dem Zweiten Weltkrieg war. Hier die zum Versand mit der Reichsbahn fertigen Wagen im Opel-Bahnhof. (2049/416).

Schöner Schein

Automobilausstellungen Automobilturniere Schönheitskonkurrenzen und Werbung

Links: Am 30. September 1897 fand vor dem Hotel Bristol in Berlin die erste Automobilausstellung in Deutschland statt, bei der vier Unternehmen acht „Motorkutschen" ausstellten.

2. Aufnahme von links: Der Lutzmann Pfeil 1. Opel wurde durch die Automobilausstellung in Berlin auf Lutzmann aufmerksam und übernahm einige Zeit später das Unternehmen. Damit begann in Rüsselsheim der Automobilbau.

3. Aufnahme von links: Bei der Automobilausstellung in Berlin mit dabei war der Daimler Victoria.

Rechts: Für die Firma Kühlstein aus Charlottenburg war die Berliner Ausstellung so etwas wie ein Heimspiel. Das Unternehmen stellte seinen Jagdwagen zur Schau. Kühlstein gehörte mit zu den frühen deutschen Autoproduzenten und ist heute vollkommen in Vergessenheit geraten.

Etwas ratlos bestaunten die Passanten am 30. September 1897 die Zusammenrottung der seltsam wirkenden Kutschen ohne Pferde vor dem Hotel Bristol in Berlin. Den wenigsten dürfte bewusst gewesen sein, dass sie Augenzeugen der ersten deutschen Automobilausstellung wurden. Eigentlich war diese Präsentation nur ein „Nebenprodukt" anlässlich der Gründungsveranstaltung des „Mitteleuropäischen Motorwagen Vereins". Aus diesem Grund hatten sich in Berlin gerade einmal vier Automobilhersteller zur Präsentation vor dem Tagungshotel eingefunden. Zu bewundern waren die „technischen Meisterleistungen" der Firmen Lutzmann aus Dessau, Kühlstein aus Berlin-Charlottenburg, Daimler aus Cannstadt und Benz aus Mannheim, die insgesamt acht Motorkutschen aufgefahren hatten. Von den prunksüchtigen und millionenteuren Präsentationen unserer Tage war diese Veranstaltung noch ebenso weit entfernt wie von der Massenmotorisierung. Nach der Vorführung vor dem Hotel stellten die Gefährte ihre Leistungsfähigkeit noch bei einer Ausfahrt in den Grunewald unter Beweis. So gibt jedenfalls die Tagesordnung der Veranstaltung Auskunft.

Aber bekanntlich hat ja jeder mal klein angefangen. Engländer und Franzosen hatten es den Deutschen – wo ja das Automobil erfunden worden war – vorgemacht, denn für diese waren Automobilausstellungen und Vorführungen gar nicht mehr so neu, und aus diesen Ländern hatten die Gründungsmitglieder des Mitteleuropäischen Motorwagen Vereins auch die Anregungen zu dieser Veranstaltung geholt. Aber immerhin: Die Präsentation der „Benzinkutschen" kam offensichtlich recht gut an, denn in den Jahren 1898, 1899 und 1902 organisierte der Mitteleuropäische Motorwagen Verein weitere Ausstellungen in Berlin. Bald gab es in Deutschland weitere Veranstaltungsorte für Automobilausstellungen, so bereits im Jahr 1898 in der Messestadt Leipzig. Im September desselben Jahres wurde auch aus Düsseldorf über eine Motorwagen-Ausstellung berichtet. Anlass dafür war die 70. Versammlung deutscher Naturforscher und Ärzte. Dies zeigt deutlich, dass das Automobil bzw. Autoausstellungen damals noch Beiwerk waren und oft nur zum Rahmenprogramm anderer Veranstaltungen gehörten. Aber das technische Wunderwerk Auto wurde rasch immer populärer und die technischen Lösungen immer raffinierter.

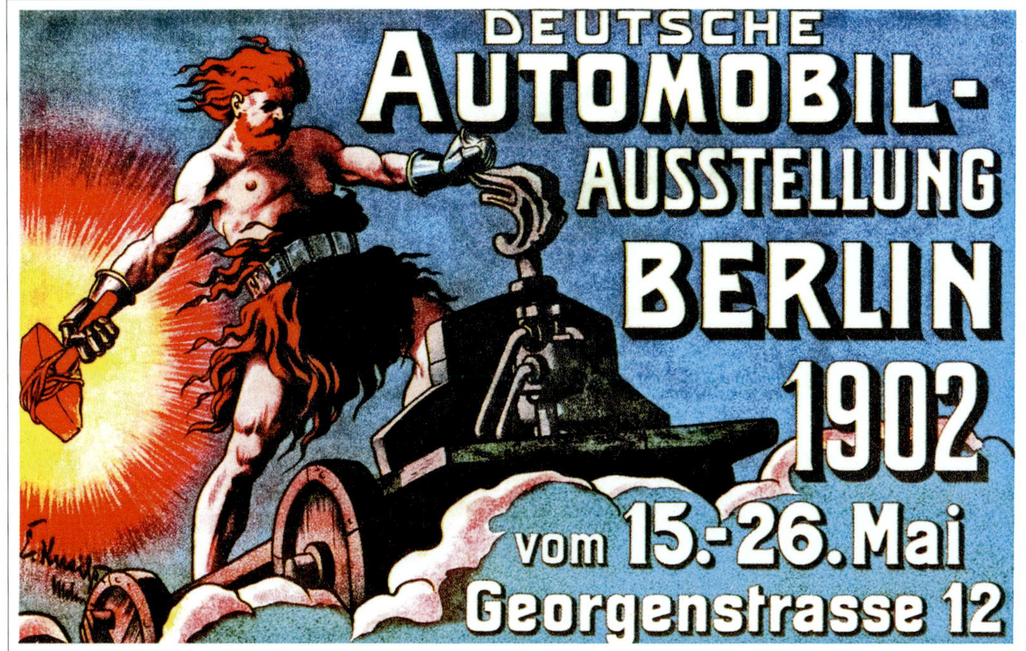

Oben: Berlin war von 1897 bis zum Zweiten Weltkrieg Austragungsort der Deutschen Automobil-Ausstellung. Deren Blütezeit begann aber erst in den zwanziger Jahren.

Rechts: Alle wichtigen Neuerscheinungen und Fortschritte des Automobilbaus feierten ihr Debüt in Berlin. Fachzeitschriften – hier „Echo Continental" – brachten sogar Ausstellungs-Sonderausgaben.

Zwischenzeitlich hatte sich in Deutschland die Hauptstadt Berlin als Veranstaltungsort der großen Internationalen Automobil- und Motorrad-Ausstellung etabliert – deren Blütezeit begann aber erst in den zwanziger Jahren. War die erste nach dem verlorenen Ersten Weltkrieg im Jahr 1921 noch eine rein nationale Präsentation gewesen, so bekamen die Autoausstellungen in der deutschen Hauptstadt in den Folgejahren eine – durch die Anwesenheit zahlreicher ausländischer Autohersteller – immer größere internationale Bedeutung. Vom Rumpler Tropfen-Auto, über den Röhr 8, den Stoewer V5, dem Adler Trumpf, bis hin zu Hitlers KdF-Wagen feierten alle wichtigen Neuwagen und die Fortschritte des Automobilbaus ihr Debüt in Berlin.

Technische Neuerungen wie Vierventilmotor, Kompressor, Vierradbremsen, Einzelradaufhängung, Stromlinienform, selbsttragende Karosserie wurden bei ihrer Präsentation unter den Scheinwerfern aus der Taufe gehoben. Die Welt der Techniker und Automobilkonstrukteure holte sich Inspirationen für neue Konstruktionen. Es wurden Lizenzen erworben und Geschäftsbeziehungen geknüpft, aber es wurde auch ohne Hemmungen abgekup-

Firmen präsentierten sich im Rampenlicht und verschwanden wieder, wie z.B. 1926 Steiger aus Burgrieden bei Ulm – trotz der rund 3.500 hergestellten Personen- und Sportwagen.

Opel zeigte seine Serien-Präzisionswagen auf der Deutschen Automobil-Ausstellung 1925 und kündigte dies mit dieser Anzeige im selben Jahr im Auto-Heft der Zeitschrift „Die Dame" an.

Oben und unten: Von Mineralölgesellschaften bis zu Tachometer- und Uhrenherstellern war in Berlin jeweils auch die Zulieferindustrie vertreten und versuchte Kunden für sich zu gewinnen.

fert. Die Zeit zwischen dem Ersten und Zweiten Weltkrieg mit Inflation, Weimarer Republik, Weltwirtschaftskrise, Hitlers „Machtergreifung" und schließlich wieder Krieg – all dies lässt sich am Charakter der einzelnen Ausstellungen ablesen! Falcon, NAG, Simson Supra, Apollo, Fafnir oder Steiger, Automarken erschienen im hellen Rampenlicht der Präsentationen und verschwanden wieder, und ihre Namen wurden meist bald vergessen. Reiche und Neureiche tummelten sich (und tummeln sich bis heute!) in den Ausstellungshallen, um die neueste Kreation von Karosserieherstellern wie Kellner, Gläser, Papler, Erdmann & Rossi oder Autenrieth zu ordern. Auch hier galt wohl in erster Linie

An die Herren

Einkäufer der Automobil-Industrie und des -Handels

Tätigen Sie keinerlei Einkäufe an Tachometern und Uhren für Automobile und Motorräder, bevor Sie unseren Stand 670, Halle I, Galerie links der großen Freitreppe besichtigt haben

*

DEUTA-WERKE, BERLIN SO 26

BERLINER AUTOMOBIL-AUSSTELLUNG VOM 26. NOVEMBER BIS 6. DEZEMBER 1925

Stoewer aus Pommerns Hauptstadt Stettin gehörte zeitweise zu den größten deutschen Autoherstellern und präsentierte im Jahr 1925 seine Fahrzeuge auf Stand 4 der Deutschen Automobil-Ausstellung in Berlin.

Alle wichtigen Neuerscheinungen und Fortschritte im Automobilbau feierten ihr Debüt in Berlin. So auch 1928 der Röhr 8. Durch seine moderne Bauweise mit Einzelradaufhängung und Tiefbett-Kastenrahmen war er ein Meilenstein der deutschen Automobilentwicklung. In Halle 1/Stand 57 war das „Wunderauto aus dem Odenwald" zu sehen – so konnte es der Automobilfreund der Anzeige entnehmen.

das Motto „sehen und gesehen werden". Speziell für die Ausstellung gefertigte Einzelstücke wurden von den Autoherstellern oftmals vom Stand weg verkauft. Diese Leute liebten es anscheinend, erste Besitzer von noch nicht ausgereiften Konstruktionen zu sein. Denn so perfekt wie heute waren diese Fahrzeuge einfach noch nicht. Der selbstverständlich reiche Käufer verzieh seinem Mercedes mit Kompressormotor oder vollblütigen Bugatti offenbar eher seine Mucken – waren diese Wagen doch eher Sportgeräte als zuverlässige Arbeitstiere. Für die Leute mit weniger Geld kam in den zwanziger Jahren der Gedanke des Volksautomobils wieder ins Gespräch und zahlreiche Automobilfirmen und Konstrukteure versuchten sich mit unterschiedlichen Ergebnissen und Erfolgen auf diesem Gebiet. Für das Aufkeimen der Volksmotorisierung in den Jahren nach 1920 standen Beispiele wie der kistenförmige „Slaby-Beringer", der bootartige Grade, der kleine Hanomag („Kommissbrot") und der erfolglose „Maikäfer" von Josef Ganz. Aber es war wohl noch zu früh für einen Volkswagen. In der Inflationszeit legten nur die Reichen ihr Vermögen in Sachwerten an – und die kauften sich in der Regel keinen Kleinwagen. Arbeiter und Angestellte am anderen Ende der sozialen Leiter waren auch während des kurzen wirtschaftlichen

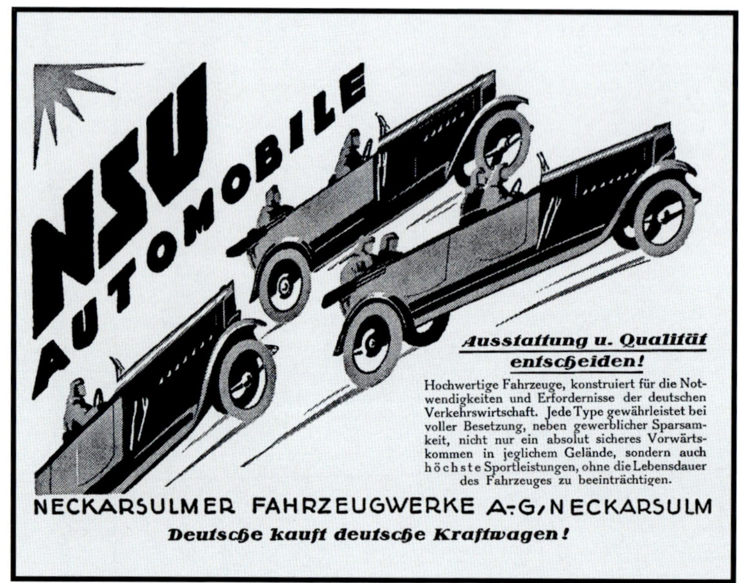

Links: Der Adler Trumpf und sein Schwestermodell Primus wurden ebenfalls in Berlin präsentiert.

Oben: NSU aus Neckarsulm appellierte anlässlich der Deutschen Automobil-Ausstellung 1925: Deutsche kauft deutsche Kraftwagen!

Rechts: Als „Lokalmatador" unter den Ausstellern des Jahres 1928 in Berlin war Brennabor aus Brandenburg an der Havel selbstverständlich dabei.

Aufschwungs in der zweiten Hälfte der zwanziger Jahre froh, wenn sie ihre Familie einigermaßen gut ernähren und sich vielleicht – als Luxus – ein Fahrrad leisten konnten. Und doch entstanden in dieser Zeit kleine Autohersteller, die sich mit technisch innovativen Lösungen hervortaten, aber nur wenige besaßen die Finanzkraft, um sich entsprechend teuere Ausstellungsflächen auf den Automobilsalons anmieten zu können – oft blieb nur diese eine Chance. Aber die hohe Anzahl von „Eintagsfliegen" im Automobilbau bestätigt, wie oft dieses Unterfangen nicht gelang.

Mit der Schilderung von technischen Neuerungen taten sich dann auch einige „Fachjournalisten" sehr schwer. Verständlicherweise wurden aber gerade diese vom Standpersonal umschwärmt, und – anders als heute – versuchte sich damals noch so mancher Firmenpräsident persönlich in der Presse- und Öffentlichkeitsarbeit. Multimediashow, leichtbekleidete und tanzende Mädchen gab es noch nicht als Blickfang. Alleine das Produkt musste noch durch sich selbst wirken und überzeugen. Aber damals wie heute gab und gibt es für Medienvertreter und potentielle Käuferkreise auch eine Sonderbetreuung, die bei Probefahrten auf dem Freigelände begann und bei Champagner und Kaviar, bei einem Trip durch das Nachtleben der entsprechenden Messestadt und dann am nächsten Morgen endete – oft mit einem mächtigen „Kater"! Die meisten der damals ins Leben gerufenen Automobilausstellungen existieren heute noch. Die Tradition vom Pariser- oder Genfer Automobilsalon reicht bis in die Frühzeit des Automobils zurück. Nur die große deutsche Automobilausstellung IAA – die größte der Welt – hat ihren Veranstaltungsort gewechselt. Die Automobilwelt feiert heutzutage alle zwei Jahre in der alten Messestadt Frankfurt am Main ihre Neuschöpfungen und nicht wie früher in Berlin.

Eine andere Art der Präsentation von automobilen Neuheiten und noblen Wagen waren Automobilturniere und Automobil-Schönheitskonkurrenzen. Heute können selbst Autonarren kaum noch etwas mit diesen Begriffen anfangen. Die ersten Automobilturniere oder Schönheitskonkurrenzen hatten in Deutschland ihren Höhepunkt kurz nach dem Ersten Weltkrieg. Mitte der zwanziger Jahre erfreuten sich diese glanzvollen Veranstaltungen – auch gern auf französisch als Concours d'Élégance bezeichnet – wachsender Beliebtheit und gehörten neben Ausstellungen, Automobilrennen und Zuverlässigkeitsfahrten zu den festen Höhepunkten im Jahresterminplan des Automobilisten

Erfolge bei Automobilturnieren und Schönheitskonkurrenzen – rechts der bildschöne Mercedes-Sportwagen K 24/110/160 PS – waren fast genau so werbewirksam wie sportliche Siege. Wie bei Ausstellungen präsentierten dort aber nicht nur Hersteller von Luxusautos oder Karosseriebau-Unternehmen ihre neuen Modelle. Auch Massenhersteller wie z.B. Brennabor, Adler, Ford, Opel oder DKW, waren bei solchen Veranstaltungen dabei: Unten z.B. ein Opel 8/40 PS Sechszylinder als Cabriolet und unten rechts ein Opel-Coupé, wahrscheinlich ein Typ 4/20 PS. Ausländische Marken wie Rollce-Royce, Citroën, Hispano-Suiza, Graham Paige, Bugatti, Essex, Lincoln oder Cadillac gingen nicht nur auf Privatinitiativen ihrer Besitzer, sondern natürlich auch auf Werksbeteiligung in die Konkurrenz. (Rechts 5/13, unten 116/7, unten rechts 5/11).

und der Autoindustrie. 1931 schrieb die Zeitschrift „Motor und Sport" über das 8. Automobilturnier in Bad Neuenahr: *„Noch einmal und damit die Saison der Miniaturautomobilausstellungen beschließend, ließ die Industrie ihre schönsten Erzeugnisse in Bad Neuenahr in den Tagen des 12. und 13. September Revue passieren. Der Reigen des Schönheitswettbewerbes fand ein aufmerksames Publikum und erfreute jeden Fachmann. Technische Wunder an Linienführung, Raumausnutzung, Komfort und Farbenzusammenstellung glitten am mehr oder weniger kritischen Auge vorbei. Alle Achtung vor unseren deutschen Karosseriefabriken, denen der Schwung durch all das Missliche nicht genommen wurde. Wenn man sachlich sein wollte, müssten die Ergebnisse mehr auf den Namen der Aufbautenhersteller lauten, als auf diese der das Chassis bauenden Werke"*. Anders als die „Internationale Automobil- und Motorrad-Ausstellung in Berlin", die ab 1928 der mächtige Reichsverband der Deutschen Automobilindustrie (RDA) alleine veranstaltete, wurden Automobilturniere und Automobil-Schönheitskonkurrenzen durch die zahlreichen Automobilclubs organisiert. Die Konkurrenzen in Bad Kreuznach,

Die Bilderserie der Vorseite sowie auf dieser und auf den folgenden Seiten fotografierte Dr. Paul Wolff in den Jahren 1927 und 1929 bei Automobilturnieren in Wiesbaden: Oben links und oben Röhr 8 Typ R, links ein Sechszylinder-Citroën C6-Cabriolet (oben links 116/53, oben 116/46, links 116/48).

Bad Neuenahr, in Swinemünde, in Wiesbaden, in Bad Pyrmont, in Baden-Baden sowie anderen Bade- und Kurstädten, taten sich in diesem Reigen besonders hervor – Exklusiv, mondän, einfach ein Muss für den Autofreund und Herrenfahrer der zwanziger Jahre! Die bekannten und natürlich teueren Karosseriehersteller, wie beispielsweise Gläser, Papler, Erdmann & Rossi, Autenrieth und viele andere, präsentierten auf den noblen Veranstaltungen ihre neuesten Kreationen.

So bot man den Firmen die Möglichkeit, ihre Produkte in die Öffentlichkeit zu bringen und „ins rechte Licht" zu rücken. Mitunter lockten die glänzenden Karossen tausende von Zuschauern an, denn auch bei Leuten, die sich keinen dieser Luxuswagen leisten konnten, waren Schönheitskonkurrenzen und Automobilturniere beliebt: *„Langsam fuhren die Nobelkarossen an dem staunenden Publikum und der Jury vorbei – oftmals von einer jungen Dame gesteuert, deren Kleidung auf Interieur und Farbgebung des Wagens geschmackvoll abgestimmt war!"* So kamen sie nacheinander angerollt, die

Hanomag 3/16 PS, der Nachfolger des durch seinen Kosenamen berühmten „Kommissbrot". Oben rechts ein Opel-Sechszylinder 8/40 PS-Cabriolet, ein eleganter 2-Sitzer (oben 116/15, oben rechts 105/20)

NAG, Stoewer, Simson-Supra, Steiger, Mannesmann, Wanderer, Elite, Hansa-Lloyd, Adler, Selve, Röhr und Horch – Automobilmarken, die heute genau so Geschichte geworden sind wie die luxusumnebelten Veranstaltungen. Und wie bei „normalen" Autoausstellungen präsentierten dort nicht nur Hersteller von Luxusautos oder Karosseriebauunternehmen ihre neuen Modelle, sondern auch Massenhersteller wie zum Beispiel Brennabor, Adler, Ford, Opel oder DKW. Ausländische Marken wie Rollce-Royce, Citroën, Hispano-Suiza, Graham Paige, Bugatti, Essex, Lincoln oder Cadillac gingen nicht nur auf Privatinitiative ihrer Besitzer, sondern auch auf Werksbeteiligung in die Konkurrenz.

Diese Veranstaltungen waren vor allem aber eine „Nabelschau der Eitelkeiten" und wurden gerne zur Selbstdarstellung genutzt. Gesellschaftsblätter von damals wie beispielsweise „Sport im Bild" oder „Elegante Welt" präsentierten oft Abbildungen von Automobilturnieren in Baden-Baden, Wiesbaden oder Bad Kreuznach mit der „Frau Baronin" oder mit dem „Herrn Generaldirektor" in ihren Mercedes oder Maybachs am Steuer. Vermutungen, dass nicht immer das Fahrzeug selbst der Grund für die Entscheidung zu Vergabe eines „Blauen Bandes" oder einer „Goldenen Plakette" war, gab es damals – und gibt es heute noch. Obwohl sich über Geschmack bekanntlich nicht streiten lässt, kam und gibt es durch die Entscheidungen von Juroren immer wieder zu Diskussionen bei Zuschauern und „Experten". In einigen Fällen soll es sogar vorgekommen

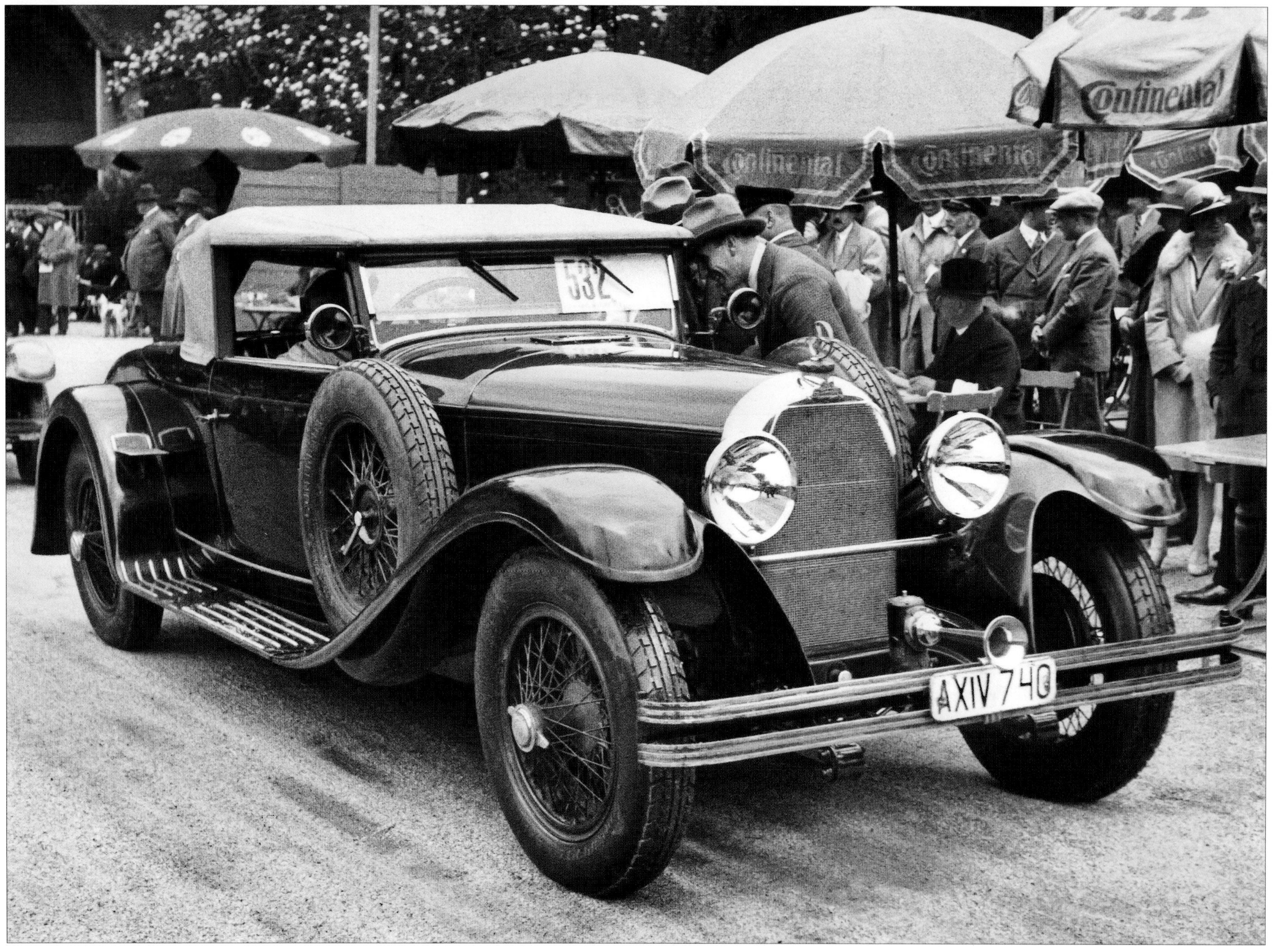

Hier ein Austro Daimler ADR, ein sehr elegantes, zweitüriges Cabriolet mit hinterer „Schwingachse“ bei einer Schönheitskonkurrenz (116/13).

sein, dass der Jury Prügel angedroht wurden. Publikum und Teilnehmer bekamen jedoch mehr zu ihrer Unterhaltung und Kurzweil geboten, dies war u.a. einem Bericht in der „Motor und Sport" von 1931 über die Internationale Schönheitskonkurrenz des DRAC* auf der AVUS** zu entnehmen: *„Ein historischer Festzug – Das Fahrzeug Einst und Jetzt – der sich zwei Stunden lang über die Straßen Berlins bewegte, unterbrach die Schönheitskonkurrenz während der Mittagspause. Die prämierten Fahrzeuge mußten noch mehrmals vorbeifahren, damit das Publikum und die Jury die Zuerkennung einiger Ehrenpreise vornehmen konnten. Der gleichfalls zahlreiche Bewerber vereinigende Wettbewerb – „Der schöne Au-*

tohund" – wurde in vier Gruppen gewertet und zeigte äußerst geschmackvolle Bilder der Harmonie zwischen Wagen, Fahrerin (oder Fahrer) und Hund". Deutsche Gründlichkeit auch im Detail einer Veranstaltung über die der Chronist auch noch bemerkte, dass dabei *„(...) bisweilen die Rasse der Frauen die der Wagen überstrahlte!"* Erfolge bei Automobilturnieren und Schönheitskonkurrenzen waren fast ebenso werbewirksam wie sportliche

*__DRAC__ = Deutscher Reichs-Auto Club. **__AVUS__ = Automobil-Verkehrs- und Übungs-Straße. Die AVUS ist die erste ausschließliche Autostraße Europas, wurde 1921 für den öffentlichen Verkehr freigegeben und war gleichzeitig – ab September 1921 bis 1999 – eine der berühmtesten Rennstrecken der Welt.

Links ein Mercedes Benz Typ Stuttgart. Oben die schwere Sechszylinder-Limousine Stoewer G 15 Gigant – Tradition, Luxus und Eleganz aus Stettin. Unten ein Cadillac V 8 Serie 341. Im Vergleich mit den Fahrzeugen dieser Seiten zeigt sich hier, wie sehr sich damals der deutsche Automobilbau an den Amerikanern orientierte. (Links 116/17, oben 116/33, unten 116/30)

Luxus aus Sachsen: Ein eleganter Horch 305 Achtzylinder, Baujahr Anfang des Jahres 1928. (116/43).

Siege. Deshalb ist es begreiflich, dass ein gutes, eindrucksvolles Auftreten und eine daraus resultierend entsprechend gute Bewertung bei einer solchen Veranstaltung für einen Autohersteller sehr wichtig waren. In den zwanziger und dreißiger Jahren wurde jedenfalls über die Ergebnisse der Automobilturniere und Schönheitskonkurrenzen in allen gängigen Autozeitschriften, Illustrierten und Magazinen berichtet wie über Automobilrennen oder Autoausstellungen – daher auch der große Aufwand der Autohersteller. Wenn eine Automobilfabrik auch nicht für jede dieser Veranstaltungen bei einem Karosseriebaubetrieb eine Sonderkarosserie in Auftrag gab, zeigten diese jedoch gerne farblich ganz besonders auffällig abgestimmte und gestaltete Fahrzeuge. So kam es nicht selten vor, dass Autohersteller oder Karosseriebauer die prämierten Wagen bereits während der Veranstaltung verkaufen konnten. Eine Praxis, die ebenso bei den Vorzeigefahrzeugen der Automobilausstellungen üblich war. Nachdem die Automobilfabriken auf diese Art den Publikumsgeschmack getestet hatten, fertigten die Karosseriebauunternehmen oftmals Kleinserien dieser Sonderaufbauten für Interessenten – natürlich mit dem nötigen Geld. Bei heutigen Massenfertigung von Autos ist es kaum noch vorstellbar, dass in den zwanziger und dreißiger Jahren der Autokauf etwas anders vonstatten ging: Ein Kunde konnte sich beim Autohändler das Chassis für den gewünschten Fahrzeugtyp bestellen und sich dafür bei einem der zahlreichen Karosseriehersteller eine Karosserie nach eigener Wahl und Geschmack anfertigen lassen. Dies war zumindest bei Luxusautos die gängige Praxis. In der Regel hatten nämlich damals nur die wenigsten Autohersteller ihrer Produktion einen Karosseriebau angegliedert. Eigene Karosserien fertigten beispielsweise Opel und Stoewer. Andere, wie Adler oder Hanomag arbeiteten sehr eng mit Karosserieherstellern wie Ambi Budd oder Karmann zusammen, die dann die gewünschten Karosserien lieferten.

Übrigens war der Karosseriebau in Deutschland noch lange Zeit vom althergebrachten Kutschenbau geprägt. Ein normaler Autoaufbau bestand in den zwanziger Jahren in der Regel noch aus einem stabilen Holzrahmen. Die darüber gelegten Stahlbleche wurden mit Nägeln befestigt. Karosseriebauer bezeichneten dies als „Gemischtbauwei-

Oben und rechte Seite: Hier rollte Dr. Paul Wolff bei der Wiesbadener Autorevue 1929 eine absolute Automobilrarität vor die Leica. 1929 versuchte Opel, mit dem luxuriösen Achtzylinderwagen Regent in die Kfz-Oberklasse aufzusteigen. Der ehrgeizige Versuch der Rüsselsheimer, es Horch, Mercedes oder Maybach gleichzutun, ist von Spekulationen und Legenden umwoben. Aber im selben Jahr wurde Opel von General Motors übernommen, und aus damals wie heute nicht nachvollziehbaren Gründen ließ der neue Eigentümer alle „Regent" zurückkaufen und verschrotten. Bis dahin waren 25 gebaut worden. Überraschend und erfreulich ist, dass sich im Bestand von Dr. Paul Wolff & Tritschler mehrere der äußerst seltenen Aufnahmen des „Regent" befinden, von denen wir Ihnen diese beiden vorstellen. Der „Regent" mit der Kfz-Nummer II D (= Pfalz) war vermutlich der Privatwagen der Familie Opel. (116/35)

431
432
IID - 9477

se". In den USA fertigten die Fabriken aber bereits verbreitet Ganzstahlkarosserien. Diese hatten zwar – im Vergleich zur Gemischtbau-Karosserie in – den Nachteil, stärker Geräusche und Schwingungen zu übertragen, hatten aber gerade im Großserienbau von Automobilen den Vorteil der schnelleren und kostengünstigeren Fertigung. In Deutschland setzten sich in den dreißiger Jahren vermehrt Ganzstahlkarosserien durch. Vorreiter für diese Entwicklung waren die deutsch/amerikanische Firma Ambi Budd aus Berlin-Johannistal und der Heilbronner Karosseriebauer Drauz.

Mit dem Bau der Reichsautobahnen wurden dann ganz neue Anforderungen an die Autos gestellt. Diesen mussten sich auch die Karosserien der Autos – höhere Geschwindigkeit und geringer Kraftstoffverbrauch – anpassen. Waren bereits Anfang der dreißiger Jahre die Karosserien fließender geworden, setzte sich nun allmählich die Stromlinienform durch. Diese rein der Aerodynamik untergeordnete Formgebung fand ihre Anhänger nicht unbedingt auf Automobilturnieren. Diese begünstigten ja auch vornehmlich offene Fahrzeuge (Cabriolets), die der Selbstdarstellung des Fahrers bzw. der Begleitperson entgegenkamen. Der geschlossene Wagenaufbau eines Stromlinienwagens war dem eher abträglich. Zudem war inzwischen die Ganzstahlkarosserie selbstverständlich geworden und als logische Weiterentwicklung entstand die selbsttragende Karosserie. Aber tragischerweise war es gerade diese moderne Bauweise, die den traditionellen Karosseriebau vor Schwierigkeiten stellte. Die selbsttragende Bauweise ließ nämlich nur noch begrenzte Eingriffe in die Karosseriestruktur zu. Sonderaufbauten für diese modernen Autos, ohne richtigen Rahmen, wurden zu aufwendig und zu teuer.

Der Ausbruch des Zweiten Weltkriegs beendete jedoch alle Entwicklungen im deutschen Automobilbau. Panzer und Kübelwagen mussten weder nach aerodynamischen noch nach ästhetischen Gesichtspunkten gestaltet werden. Aber die Autohersteller hofften auf die Zeit und das Geschäft nach dem Krieg. Opel, Auto Union, Ford, Adler und

Viele Kfz-Werkstätten traten auch als Autohändler auf. Aber wenn überhaupt vorhanden, waren deren Ausstellungsräume eher einfach eingerichtet. Ab den zwanziger Jahren gab es jedoch mehr und mehr Großhändler sowie Werksniederlassungen, die jeweils nur eine Automarke vertraten. Dass bei diesen auch damals auf eine gepflegte und stilvolle Präsentation größter Wert gelegt wurde, ist an den 1939 aufgenommenen Ausstellungsräumen von Mercedes (links) und 1935 von Ford (rechts) zu sehen (links 2180/731, rechts 9/8615).

Diese Seite und bis Seite 60: In den dreißiger Jahren hatte man den Einfluss der „Damen des Hauses“ beim Kauf eines Autos längst erkannt. Über Zeitschriften wie „Die Dame“, „Vogue“ und „Elegante Welt“ versuchten die Autohersteller, die Damenwelt durch Werbung anzusprechen. Auch die auf dem deutschen Kfz-Markt präsenten ausländischen Fabriken schalteten entsprechende Anzeigen. Natürlich bedienten viele Fotos von Dr. Paul Wolff & Tritschler auch dieses Thema und zeigten „die Frau beim Autokauf“ – sachkundig, interessiert und danach selbstbewusst im neuen Fahrzeug unterwegs, u.a. beim Einkauf und auf Reisen – meist ohne männliche Begleitung! Sie sollten darstellen, wie einfach das Autofahren inzwischen geworden war. Ein Idealbild, das jedoch selbst auf den Fotografien gestellt wirkt (oben 1270/92, rechts 2180/771).

andere Hersteller machten jedenfalls auch noch im Krieg Werbung für Ihre Produkte, die Adlerwerke zum Beispiel noch im Jahr 1942 für den 2,5 Liter Typ 10. Nachdem der Krieg jedoch nicht mit dem „Endsieg“ endete, war gerade Adler eines jener großen deutschen Unternehmen, die nie wieder Automobile bauen sollte.

Im Rahmen des Neubeginns im Automobilbau nach 1945 hatten auch die Karosseriebauunternehmen mit großen Wandlungen zu kämpfen, die sich durch das Erscheinen der selbsttragenden Karosserie bereits vor dem Krieg abgezeichnet hatten. In den fünfziger Jahren übernahmen immer mehr Autohersteller diese Bauweise. Dadurch setzte auch im Karosseriebau

Oben 1169/279, unten 1477/279, unten Mitte 1188/56 und unten rechts 1169/310

eine tiefgreifende Zäsur ein: Wer sich als Karosseriehersteller nicht auf Reparaturen oder Sonderaufbauten für Lkw und Omnibusse umstellte, hatte verloren. Viele bekannte und klangvolle Namen der Branche verschwanden für immer. Auch Automobilturniere und Schönheitskonkurrenzen befanden sich auf dem absteigenden Ast. Zwar wurden auch nach dem Zweiten Weltkrieg von den verschiedenen Automobilklubs in Deutschland noch solche Veranstaltungen durchgeführt, aber gegen Ende der fünfziger Jahre kamen diese mondänen Präsentationen aus der Mode und verschwanden von der Bildfläche. Dies lag auch an der Uniformität der Massenfertigung und der Einführung der selbsttragenden Karosserie, die dem Karosseriebauer keine Entfaltungsmöglichkeit mehr gab. Heutzutage gibt es Automobilturniere und Schönheitskonkurrenzen nur als Treffen mit der Bewertung hochwertiger historischer Automobile. Die bekanntesten Concours d'Élégance finden sich auf dem Pebble Beach in Kalifornien und an der Villa d'Este am Comer See. In Deutschland gibt es solche Präsentationen zum Beispiel in Schwetzingen bei Heidelberg oder in Nordrhein-Westfalen beim Schloss Dyck. In entsprechendem Ambiente und mit schönen historischen Fahrzeugen bringen diese Veranstaltungen einen Hauch des Glanzes einer längst versunkenen Automobilgesellschaft wieder in Erinnerung.

Nicht wegzudenken ist die Autowerbung in Zeitschriften und Prospekten bis in unsere Tage. Aber das Bild der Werbung hat sich sehr verändert und ist aggressiver und massiver als in den Zwischenkriegsjahren. *„Die tun was"* verspricht der Schriftzug über der doppelseitigen Werbeanzeige in einer aktuellen Au-

1536/189

1587/181

tomobilzeitschrift. Ein aufwendiges Farbfoto zeigt das neueste Modell eines deutschen Automobilherstellers. Ein paar Seiten weiter bekundet ein Mitbewerber auf einer ebenfalls zweiseitigen Werbeanzeige *„Wir haben verstanden!"*. Beim Weiterblättern ist die Werbeseite eines weiteren Automobilherstellers aus Deutschland zu finden, der uns seinen *„Vorsprung durch Technik"* nahe bringen möchte. Dies ist das Gesicht der Automobilwerbung des 21. Jahrhunderts! Naiver, aber klarer in der Aussage begannenen einst die Werbeaktivitäten für „der Deutschen liebstes Kind". Als erste Automobilanzeige überhaupt gilt eine Werbung der Firma Benz & Cie. aus dem Jahr 1888, die in mehreren Tageszeitungen abgedruckt wurde. Es ist eine Abbildung des Benzschen Motorwagens zu sehen, und im Text der Anzeige wird darauf hingewiesen, dass der *„Neue Patentmotorwagen mit Gasbetrieb durch Benzin"* auf der Kraft- und Arbeitsmaschinen-Ausstellung in München zu besichtigen sei. Diese auch als Flugblatt verteilte Zeitungsanzeige gilt damit als erster Versuch, durch die Zeitung und in Form ei-

Oben 1587/470, unten 332/257

1477/117

923/179

Der Brennabor Juwel – „Der Wagen mit dem offenen Himmel" – bewährte sich auch im Winterurlaub. In seinem Prospektmaterial vertraute das Brandenburger Unternehmen auf die schönen, wirkungsvollen Zeichnungen von Bernd Reuters sowie die Aufnahme oben rechts von Dr. Paul Wolff & Tritschler (290/60).

Von innen beleuchtetes Armaturenbrett mit Licht und Zündungsschalter, Handlampe, Tachometer, Ampèremeter und Benzinuhr.

nes Prospektes, Käufer für eine „Motorkutsche" zu gewinnen. Es dauerte aber dann doch noch Jahre, bis das Automobil gesellschaftsfähig wurde und es erlebte erst um 1900 einen bescheidenen Aufschwung. In dieser Gründungsphase entstanden weitere bekannte und bedeutende deutscher Autohersteller, darunter zum Beispiel Adler, Stoewer, Horch und Opel. Und von Anfang an versuchten auch diese, die wenigen in Betracht kommenden Kaufinteressenten durch Reklame in Tageszeitungen für ihre Motorwagen zu interessieren und vor allem zum Kauf zu animieren! Diese gezielte Werbung wurde normalerweise aber nicht vom Autohersteller, sondern jeweils vom ortsansässigen Händler gestaltet und durchgeführt. Aber natürlich verstanden die Gründer und Besitzer von Autowerkstätten mehr von ihrem Mechanikerhandwerk als von Werbung. Deshalb wirkten diese Anzeigen meist sehr hölzern und unbeholfen. Begriffe wie ein „Markenimage" waren ebenso unbekannt wie gezielt ausgerichtete oder geplante Werbefeldzüge für das Automobil.

Aber auch hier änderten sich die Zeiten schnell. Mit dem Entstehen spezieller Automobilzeitschriften konnte durch Werbung die entsprechende Zielgruppe direkt erreicht werden. Oft war die Werbung an der Qualität des Fahrzeugs aufgezogen. So fanden in diesen Anzeigen Bezeichnungen wie *„Bestes Material"*, *„Sorgfältigste Werkmannsarbeit"* oder *„Beste Konstruktion"* Verwendung. Größere Au-

towerkstätten traten nun auch vermehrt als Autohändler auf. Doch, wenn überhaupt vorhanden, waren die Ausstellungsräume denkbar einfach und nicht pompös durchgestaltet wie wir das heute gewöhnt sind. Der Verkauf von Autos lief auch noch ganz anders ab: Der Autoverkäufer war eher Vermittler bzw. Repräsentant. In Städten gab es aber schon bald Großhändler, die mehrere Automarken im Angebot hatten. Aber auch bereits Werksniederlassungen, die nur eine große Automarke, beispielsweise Mercedes oder Ford, repräsentierten. Da die vom Kunden gewünschten Modelle und speziellen Karosserievarianten jedoch nicht unmittelbar vorgestellt werden konnten, musste der Interessent zunächst durch Prospektmaterial informiert oder überzeugt werden. Das lag bei Autohändlern anscheinend in „rauen Mengen" auf den Ladentheken, denn die Vielfalt der Prospekte – auch nur für einen Fahrzeugtyp – überrascht heute und erweckt heute genau diesen Eindruck. Wie bei der Zeitschriftenwerbung, bedienten sich Werbebotschaften in Prospekten oft an Beispielen aus der Tierwelt, und das angepriesene Auto wurde mit einer Raubkatze oder einem Vollblutpferd verglichen. Als werbewirksam galt mitunter auch die Nennung von zufriedenen prominenten Besitzern im Text des Werbematerials, oder es war zu lesen: *„Der Wagen für den sportlichen Herrenfahrer"*, *„Für elegante, moderne Menschen"*, *„Der Wagen der Dame"* oder im letzten Fall als Steigerung *„Der Wagen der anspruchsvollen Dame von Welt"*. Wenn dies nicht überzeugen konnte, brachten die Werbetexter noch andere Attribute ins Spiel. Mercedes Benz warb in den zwanziger Jahren mit *„Der Wagen der Extraklasse"* oder *„Wunder der Technik und Eleganz"*. Rolls-Royce warb – ganz unbescheiden – mit *„Der beste Wagen der Welt"* oder Röhr mit *„Der sicherste Wagen der Welt"*.

Oben und rechte Seite: Verbessertes Filmmaterial, neue Optiken, die Kleinbildfotografie sowie moderne Reprotechniken ließen in den dreißiger Jahren die Fotografie in Automobil-Werbeprospekten mehr und mehr Verwendung finden. Diese machte nun zwar den Werbegrafiken Konkurrenz, aber sehr oft wurden beide Möglichkeiten geschickt kombiniert (641/23).

Unter dem fast übermächtigen Druck der ausländischen Hersteller appellierte die heimische Autoindustrie gerne auch an das Nationalgefühl der Käufer. Bekannt sind hier Werbesprüche wie *„Deutsche, kauft deutsche Qualitätsautomobile"* oder *„Der Deutsche*

Werbeaufnahmen für den Röhr Junior auf der Pferderennbahn in Frankfurt am Main (oben und oben rechts) sowie rechts mit dem Cabriolet vor dem Löwentor in Darmstadt (oben 644/59, rechts oben 644/68, rechts 31c).

Wagen ist meine Wahl". Wer sich für Automobile und deren Technik samt dem entsprechenden Umfeld rund um das Thema Autofahren interessierte, wurde in Deutschland durch Zeitschriften wie „Der Motorwagen", „Motor und Sport", „Motor" oder auch durch die „Motor Kritik" informiert. Hier schalteten die auf dem deutschen Markt präsenten Automobilfabriken des In- und Auslandes ebenfalls die entsprechende Werbung, um ihre Kunden zu erreichen. Über Zeitschriften wie „Die Dame", „Vogue" und „Elegante Welt" versuchten Autohersteller, durch Autowerbung auch Frauen anzusprechen. Der Einfluss der „Damen des Hauses" beim Kauf eines Autos war offenbar erkannt worden. Eine Gemeinsamkeit hatten fast alle Werbeanzeigen und Prospekte: Sie waren überwiegend gezeichnet. Die Fotografie spielte hier – nicht zuletzt aus drucktechnischen Gründen – bis zum Zweiten Weltkrieg eine eher untergeordnete Rolle. Ein anderer zwingender Grund war: Mehr als die Fotografie bot die Werbegrafik die Möglichkeit, gegebenenfalls stilistische Unzulänglichkeiten des Originals zu kaschieren.

Ein – allerdings aus der Nachkriegszeit stammendes – Paradebeispiel sind die Werbezeichnungen des bekannten Gebrauchsgraphikers Bernd Reuters, dem es gelang, einen VW-„Käfer" wie einen rassigen Sportwagen darzustellen. Schon 1929 hatte die von Professor H.D. Frenzel in Berlin herausgegebene Fachzeitschrift „Gebrauchsgraphik" diesem Thema einen mehrseitigen Artikel gewidmet. Am Beispiel des Bernd Reuters orientiert, schrieb der Autor Traugott Schalcher: *„An den Arbeiten dieses Künstlers zeigt sich so recht die Überlegenheit der Zeichnung gegenüber dem Photo. Es zeigt sich, daß Reuters Arbeiten bei allem Schwung sachlicher sind als das Photo, dabei lebendiger, frischer, schmissiger. Was gehen uns all die photographierten und retuschierten Autos an! – Zum Sterben langweilig! Man will sie lieber gar nicht sehen".* Dies zeigt, dass zumindest bei Automobilprospekten die Zeit der Fotografie noch nicht angebrochen war! Bis in die sechziger Jahre reichte das Nebeneinander von Fotografie und Zeichnung in der Autowerbung (siehe auch das EK-Buch „Automobile der 50er Jahre – Werbegraphiken zwischen 1950 und 1960"). Obwohl natürlich auch fotografisch geschickt mit der Perspektive und Beleuchtung gearbeitet werden konnte, bot die Zeichnung letztlich (noch) wesentlich mehr Möglichkeiten. Zudem war – wie bereits angedeutet – sowohl die drucktechnische Vorstufe als auch Wiedergabe des Vierfarbdrucks von Fotografien noch nicht ausgereift genug und daher aufwendig und sehr teuer. Dies war der Hauptgrund,

Röhr in Ober-Ramstadt bei Darmstadt baute von 1927 bis 1935 Autos und war nach Opel und Adler der dritte hessische Autohersteller, für den Dr. Paul Wolff & Tritschler Werbefotografien fertigte. Der Kontakt zu W & T kam 1932 durch den Werbechef der Röhr Werke AG, Karl Michael Knittel (rechte Seite, der Herr mit Zigarette) anlässlich der Vorstellung des neuen Röhr 8 Typ F 13/75 PS zustande (664/26). Die Aufnahme ganz rechts mit den beiden Damen entstand beim selben Fototermin (644/8).

Links: Die Umsetzung der W & T-Aufnahmen in diversen Röhr-Werbebroschüren.

weshalb die Automobilfabriken bei Farbprospekten noch auf die bewährte Zeichentechnik zurückgriffen. Beispiel: Selbst bei der Werbung für den futuristischen, stromlinienförmigen und modernen 2,5-Liter-Typ 10 Autobahnadler – der 1937 als letzte Neuentwicklung der Frankfurter Adlerwerke erschien – setzte das Unternehmen auf gezeichnetes Zeitungswerbungs- und Prospektmaterial, mit dem die außergewöhnliche Form des Wagens besonders herausgehoben werden konnte. Nie wieder war, vom künstlerischen Standpunkt aus gesehen, die Automobilwerbung auf einem so hohen Niveau wie in den Zwischenkriegsjahren. Und dennoch hat es den Anschein, als wäre in den dreißiger Jahren die Fotografie in Automobil-Werbeprospekten mehr und mehr zum

644/21

640/5

36b

Diese Seite: Schöne Frauen und der neue Röhr 8 Typ F 13/75 PS – Sie sehen, liebe Leserinnen und Leser, in der Werbung hat sich bis heute nichts geändert – und auch nicht am Umfang des für eine Dame erforderlichen Gepäcks! Das 1932 gebaute Fahrzeug mit dem Thüringer Kennzeichen Th-01329 existiert heute noch und ist in Privatbesitz!

37c

Zuge gekommen. Den Wandel ermöglichten besseres Filmmaterial, neue Optiken und die Kleinbildfotografie. Stimmungsvoll arrangierte Fotografien machten nun den Werbegrafiken bzw. Grafikern Konkurrenz. Manchmal wurden auch beide Möglichkeiten geschickt miteinander kombiniert. Ob Auto Union, Adler, Brennabor, Röhr, Mercedes oder Hanomag – neben gezeichneten Werbeprospekten gab es in den Zwischenkriegsjahren bereits auch mit Fotografien illustrierte Reklame.

Der Siegeszug der Werbefotografie nahm schrittweise auch auf dem Automobilsektor seinen Weg. Ein herausragendes Beispiel der Werbekunst in Deutschland ist der Prachtkatalog für den Opel Admiral, der 1938 herausgegeben wurde. Für seine beeindruckende Gestaltung zeigten sich die Größen der deutschen Automobilwerbung verantwortlich: Dr. Paul Wolff & Tritschler für die Fotografien und Bernd Reuters für die Zeichnungen. Einen Niedergang der Werbekunst in Deutschland – wie er heute oft vor dem Hintergrund des Nationalsozialismus gesehen wird – war besonders in der Adler-, Auto Union-, und Opel-Werbung nicht erkennbar. Die Werbung dieser und vieler anderer Unternehmen erreichte gerade in dieser Zeit ihren künstlerischen Höhepunkt. Und besonders das Fotostudio Dr. Paul Wolff & Tritschler hatte hier seinen Teil dazu beigetragen, indem viele deutsche Automobilhersteller für ihre Werbeprospekte Fotomaterial der Frankfurter Spezialisten verwendeten.

1939 brachte Hitlers Politik den Zweiten Weltkrieg und 1945 das Ende in Trümmern. Beim Neuanfang vollzog sich auch ein Wandel in der Werbung, indem sich mehr und mehr die Fotowerbung durchsetzte. Und trotzdem gab es bis in die späten sechziger Jahre in Automobilzeitschriften noch viele gezeichnete Werbeanzeigen. Heute ist Fotowerbung bei Opel, Ford, Mercedes, Audi und Co. nicht mehr wegzudenken. Könnten wir uns heute eigentlich vorstellen, dass für ein modernes Auto mit einer in dezenten Pastellfarben gehaltenen Anzeige geworben wird? – Wohl kaum! Werbung ist heute aufdringlich, provozierend, grell und manchmal sogar absichtlich geschmacklos. ❑

Links und oben: Zwei Werbeaufnahmen von Dr. Paul Wolff & Tritschler – links ein Horch (wahrscheinlich 830), oben ein Wanderer W 11 10/50 PS. Das Fotostudio blieb den sächsischen Autobauern auch nach deren Zusammenschluss in der Auto Union AG verbunden und arbeitete dann auch für den am 29. Juni 1932 – rückwirkend zum 1. November 1931 – neu entstandenen Konzern. Die Aufnahmen entstanden um 1929 bzw. 1933, also zum Zeitpunkt der Produktion dieser Fahrzeuge.
(Links 1267/127, oben 186/2)

Sozusagen vor der Haustüre des Fotostudios Dr. Paul Wolff & Tritschler befanden sich die Adlerwerke, für die das Atelier in den dreißiger Jahren viele Werbeaufnahmen und Dokumentationen fertigte (links). Rechts ein Adler Primus mit ansprechender Karosserie. Hier könnte es sich aber auch um einen modernisierten Favorit oder Standard handeln, denn mitunter wurden in die Jahre gekommene Pkw mit neuen Karosserien versehen und erlebten so „einen zweiten Frühling". Viele deutsche Karosseriebauer gaben den Autobesitzern die Möglichkeit, das liebgewonnene Fahrzeug „aufzuhübschen". Auf der rechten Seite präsentiert sich ein wunderschöner Adler Diplomat am Frankfurter Flughafen vor einer in Dessau gebauten Lufthansa-Junkers mit charakteristischer Wellblechbeplankung. Die Karosserie des Diplomat entwarf die Firma Karmann in Osnabrück. Bekannt wurde dieses Unternehmen in den fünfziger Jahren u.a. durch die Fertigung des legendären Karmann Ghia mit VW-Motor (links 178/130, oben 644/98, rechte Seite 842b/47).

LUFTHANSA

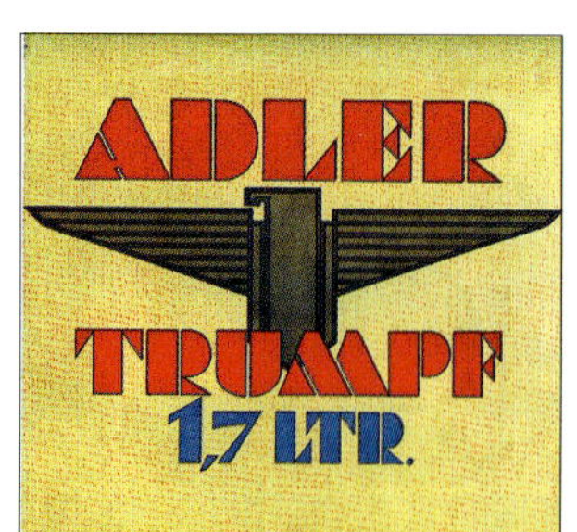

Bei der Gestaltung von Prospekten vertrauten die Adlerwerke u.a. auf die Wirkung von Zeichnungen – hier von Bernd Reuters nach W&T-Fotovorlagen. Auch bei der Werbung für den 2,5 Liter Typ 10 Autobahnadler (oben rechts) – der 1937 als letzte Neuentwicklung erschien – setzte das große Frankfurter Unternehmen hauptsächlich noch auf gezeichnetes Werbungs- und Prospektmaterial.

Traditionell arbeitete Dr. Paul Wolff & Tritschler auch für die Opelwerke in Rüsselsheim. Schier zahllose Werbeaufnahmen belegen eindrucksvoll die ausgezeichnete Zusammenarbeit die sich hier – wie auch bei anderen Autofirmen – nicht nur auf Standardporträts beschränkte, sondern ganz bewusst vor allem auf Fotografien, welche die beworbene Automarke nur andeuten. Oben links und rechts ein 1,3- oder 2,0-Liter-Opel. Der 1,3 war ein Vierzylinder, der 2,0 ein Sechzylinder und etwas größer. Im Kofferraum beider Modelle fanden zwei Buben Platz. Rechts ein Opel Olympia der ersten, ab 1935 gefertigten Serie, von der ein Fahrzeug im „Bauch" der „Hindenburg" nach Südamerika überführt wurde. Der Olympia war übrigens das erste deutsche Auto mit selbsttragender Karosserie (oben links 1477/239, Mitte 838/17, rechts 1587/260).

1825/99

Diese und rechte Seite: Natürlich auch für den Admiral – das Spitzenmodell von Opel – fertigte Dr. Paul Wolff & Tritschler 1938 Aufnahmen, die dann u.a. für einen fast legendären Prospekt verwendet wurden. Dieser im selben Jahr erschienene Prachtkatalog war ein herausragendes Beispiel der Werbekunst in Deutschland, für den sich die Größen der deutschen Autowerbung verantwortlich zeigten: Dr. Paul Wolff & Tritschler für die Fotografien und Bernd Reuters für die Zeichnungen.

Ein Niedergang der Werbekunst in Deutschland, wie er ja oft vor dem Hintergrund des Nationalsozialismus gesehen wird, war besonders in der Adler-, Auto Union-, Opel- und in der Werbung vieler anderer Unternehmen nicht erkennbar. Und es ist auch nicht nur dem Nationalsozialismus zuzuschreiben, sondern ausschließlich den Fachleuten und schließlich den modernen Repro- und Drucktechniken, dass die Firmen-Werbung gerade in dieser Zeit einen künstlerischen Höhepunkt erlangte und drucktechnisch entsprechend umgesetzt werden konnte. Und nicht zuletzt hat das große Fotostudio Dr. Paul Wolff & Tritschler hierzu einen erheblichen Teil beigetragen.

1825/86

1877/380

1877/226

1877/325

1825/71

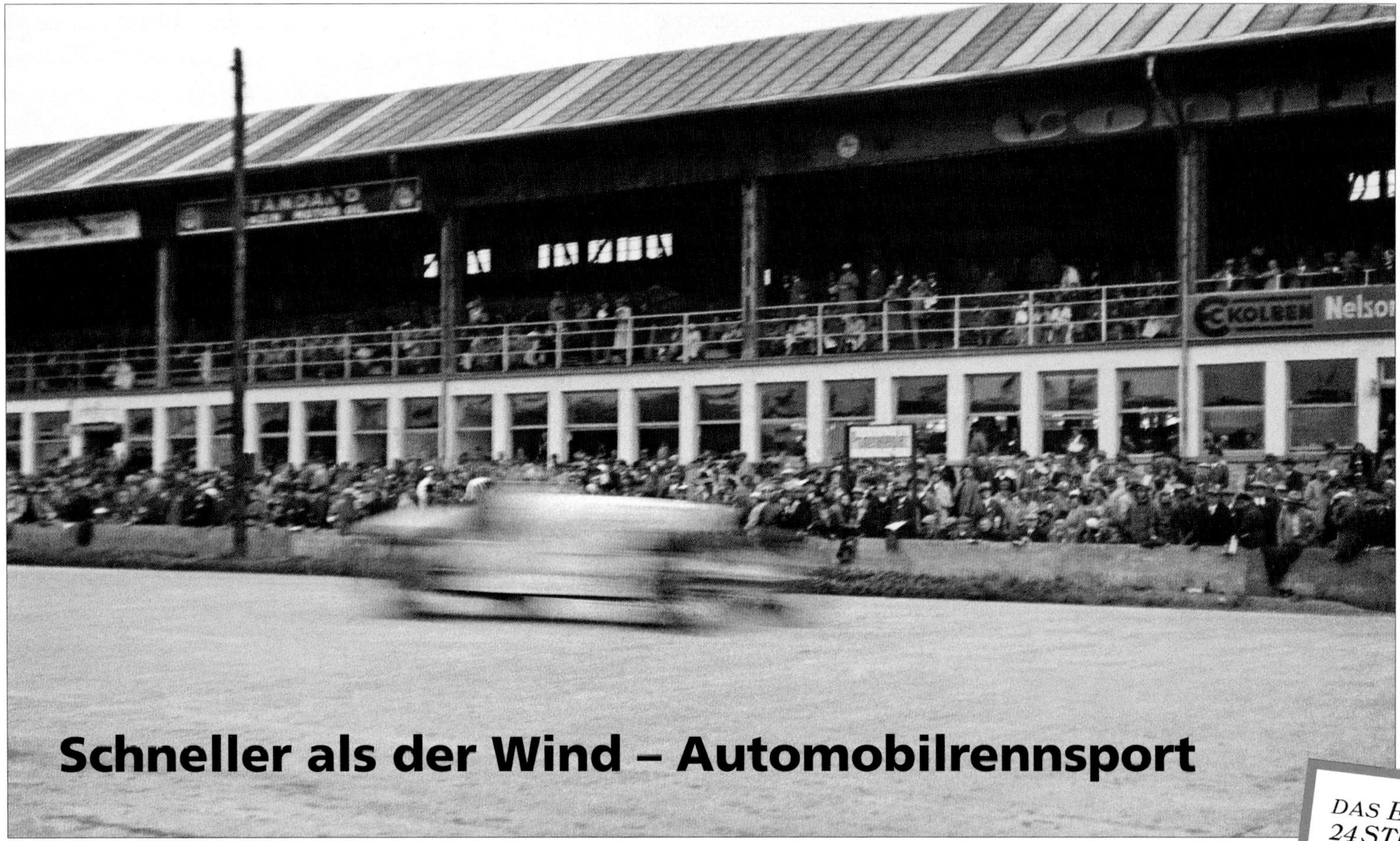

Schneller als der Wind – Automobilrennsport

Tja, die Zeiten haben sich halt geändert …

Der deutsche Motorsport war infolge des verlorenen Ersten Weltkriegs international ins Abseits geraten und geächtet worden. Deshalb fanden Automobilrennen zunächst überwiegend auf einer der zahlreichen regionalen Strecken statt – dies waren meist ganz normalen Straßen. Eines der populärsten war das Taunus-Rennen (siehe die drei Anzeigen unten). Dagegen wurde der in wirtschaftlich sehr schwerer Zeit als „Arbeitsbeschaffungsmaßnahme" gebaute und im Jahr 1927 eröffnete und bis heute weltbekannte Nürburgring (links, 528/60) als reine Rennstrecke errichtet.

DAS ERGEBNIS DER 24 STUNDENFAHRT IM TAUNUS
am 21. und 22. Juni
für
DIXI
Zwei 6/24 PS Dixi ..... Strafpunktfrei
gefahren von den Herren Köllner und Reuboldt, Frankfurt a. M. Davon war der Wagen des Herrn Köllner erstmalig mit der neuen Dixi-Zündung und Beleuchtung ausgestattet
Dixi wird mit
zwei 1. Preisen, einem 2. Preis und einem Ehrenpreis
ausgezeichnet
DIXI-WERKE, EISENACH

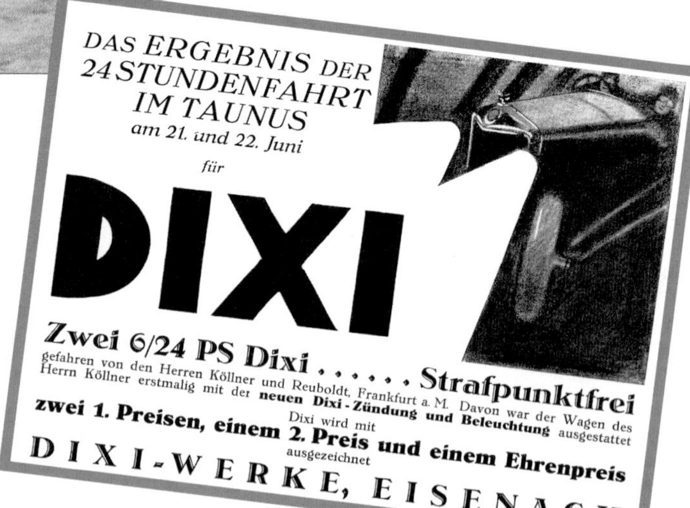

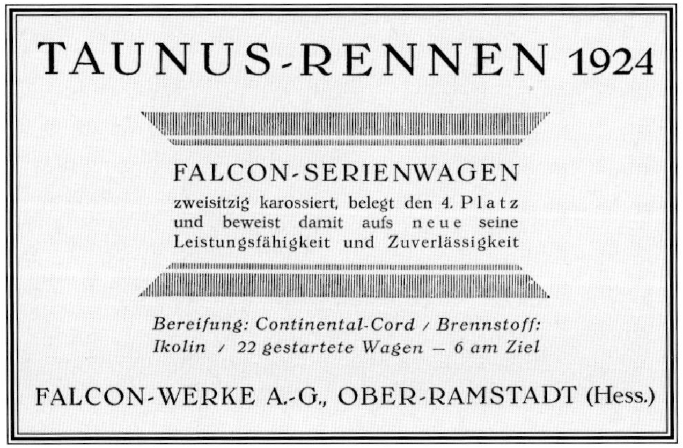

TAUNUS-RENNEN 1924
FALCON-SERIENWAGEN
zweisitzig karossiert, belegt den 4. Platz und beweist damit aufs neue seine Leistungsfähigkeit und Zuverlässigkeit
Bereifung: Continental-Cord / Brennstoff: Ikolin / 22 gestartete Wagen – 6 am Ziel
FALCON-WERKE A.-G., OBER-RAMSTADT (Hess.)

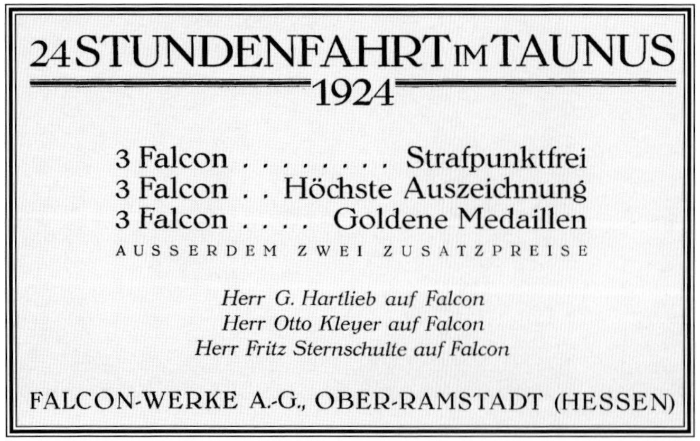

24 STUNDENFAHRT IM TAUNUS 1924
3 Falcon . . . . Strafpunktfrei
3 Falcon . . Höchste Auszeichnung
3 Falcon . . . . Goldene Medaillen
AUSSERDEM ZWEI ZUSATZPREISE
Herr G. Hartlieb auf Falcon
Herr Otto Kleyer auf Falcon
Herr Fritz Sternschulte auf Falcon
FALCON-WERKE A.-G., OBER-RAMSTADT (HESSEN)

Ein seltsames Schauspiel bot sich dem stillen Beobachter an einem schönen Junimorgen des Jahres 1904 nahe der Saalburg im Taunus. Zehntausende Zuschauer, darunter der deutsche Kaiser Wilhelm II., hatten sich vor dem wiederaufgebauten Römerkastell eingefunden. Grund für die Völkerwanderung war jedoch nicht das antike Bauwerk, sondern das erste Automobilrennen von Bedeutung und großer internationaler Besetzung in Deutschland. Morgens um 7.00 Uhr brach schließlich das Inferno los: Stampfend sprangen nach vielen erschreckenden Fehlzündungen die großvolumigen Motoren der – für unser heutiges Empfinden – monströsen Rennboliden an. In Abständen von 7 Minuten wurden die teilnehmenden Fahrzeuge mit brüllenden Motoren in den Kampf um den „Gordon-Bennett-Cup" geschickt. Die Fahrt führte um einen zwar abgesperrten, aber gefährlichen Rundkurs von etwa 130 km Länge über abgesperrte Land- und Dorfstraßen im Taunus.

Nach dramatischem Rennverlauf und nach viermaligem Umrunden des Kurses stand mit dem Franzosen LéonThéry auf einem Wagen der Marke Richard-Brasier der Sieger fest. Zur Enttäuschung des Kaisers musste sich der vom Belgier Camille Jenatzy gefahrene Mercedes als bester deutscher Wagen mit dem zweiten Platz zufrieden geben. Die große Zeit der „Silberpfeile" und damit der deutschen Vorherrschaft im Rennsport sollte erst noch kommen – 30 Jahre später in einer ganz anderen Welt! Dazwischen lagen das „Kaiserpreis-Rennen" 1907 im Taunus, die Langstrecken- und Zuverlässigkeitswettbewerbe der „Herkomerkonkurrenzen", der „Prinz Heinrich"-Fahrten", der „Alpenfahrten" und der „24-Stunden-Fahrten" im Taunus.

Dabei veränderte der Automobilrennsport ganz gehörig sein Gesicht. Die holperigen und gefährlichen Landstraßenrennstrecken hatten in der Zwischenzeit ausgedient. Die Engländer machten es vor. Bereits 1907 wurde mit der imposanten Brooklands-Rennbahn die erste „richtige Autorennstrecke" eingeweiht, die besonders durch ihre imposanten Steilkurven beeindruckte. Auch in Deutschland folgten die Veranstalter von Automobilrennen dieser Idee und es wurden entsprechende Rennstrecken geplant. So entstanden im Jahr 1909 erste Studien für die Berliner Automobil-Verkehrs- und Übungsstraße (AVUS), mit dem Bau wurde allerdings erst im Juni 1913 begonnen. Aber knapp ein Jahr später brachte der Ausbruch des Ersten Weltkriegs schon wieder den Baustopp. Jahrelang wurde es still um die autobahnähnlich geplante Renn- und Versuchspiste. Erst einige Zeit nach dem Krieg kam – mit dem Einstieg des Großindustriellen Hugo Stinnes – wieder Bewegung in die Sache, und an der Strecke im Grunewald konnte weitergebaut werden. Inzwischen war auch im hessischen Rüsselsheim ein interessantes Projekt vorangetrieben worden: Dort hatte, auf Initiative von Opel, noch während des Krieges der Bau einer Einfahrbahn und Versuchsstrecke – ein Betonoval – mit überhöhten Kurven begonnen. Entstanden waren die ersten Pläne für die Rüsselsheimer Opel-Rennbahn ebenfalls vor dem Ersten Weltkrieg. Das ehrgeizige und kühne Projekt wurde noch vor der Berliner AVUS fertig. Entsprechend groß war auch die Beachtung beim automobilbegeisterten Publikum und zehntausende Zuschauer strömten zum Eröffnungsrennen der Opel-Rennbahn am 24. Oktober 1920.

Die 1,5 km lange Strecke war zwar ursprünglich mehr als Fahrrad- und Motorradbahn konzipiert worden, nun stellte die Strecke am Schönauer Hof eindrucksvoll ihre Tauglichkeit als Automobilrennkurs unter Beweis. In diesem Sinn ist die heute vergessene sowie von Büschen und Bäumen überwucherte Rüsselsheimer Opel-Rennbahn als

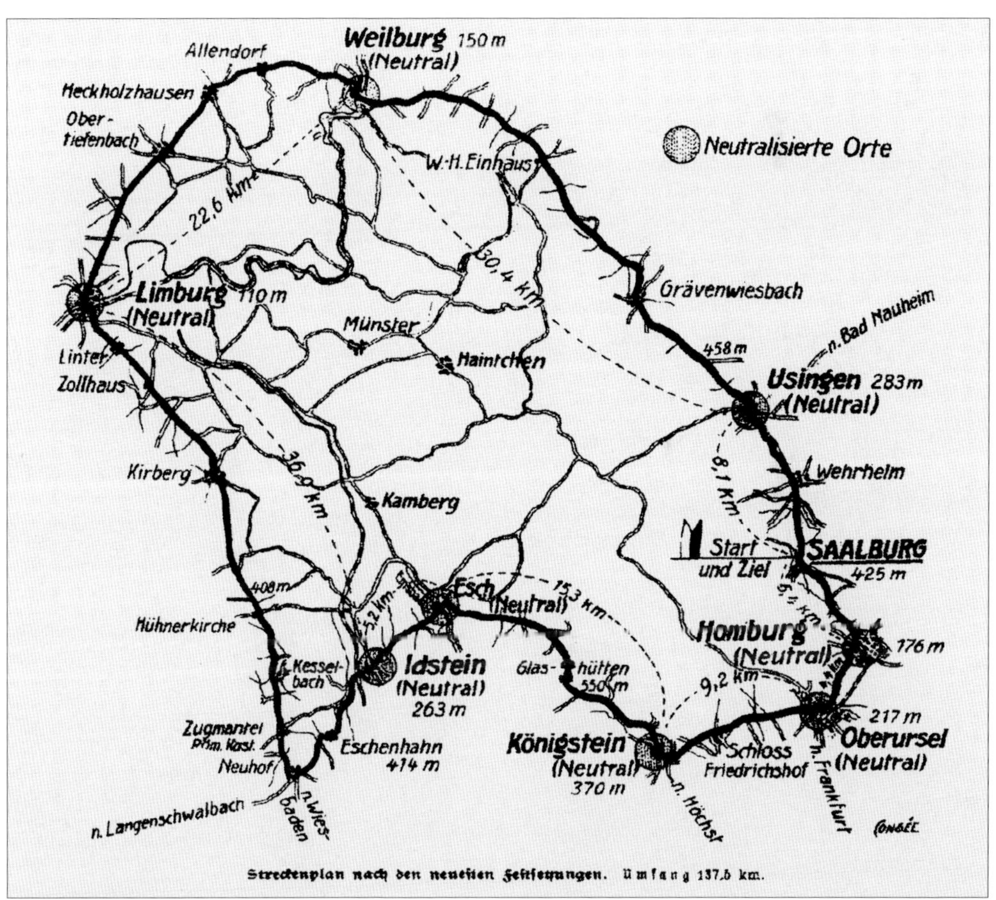

Im Juni 1904 fand in Deutschland mit Start und Ziel nahe der Saalburg im Taunus das erste Automobilrennen von großer internationaler Bedeutung statt. Beim „Gordon-Bennett-Cup" führte ein Rundkurs von etwa 130 km Länge über abgesperrte Land- und Dorfstraßen im Taunus. Die Strecke musste insgesamt viermal umrundet werden, eine unter damaligen Verhältnissen – meist schmale und noch nicht gepflasterte bzw. asphaltierte Straßen – eine unglaubliche Leistung von Mensch und Maschine.

erste Automobilrennstrecke – quasi als „Mutter“ des Nürburgrings oder „Großmutter“ des Hockenheimrings – zu bezeichnen. Bis in die dreißiger Jahre wurde die Rüsselsheimer Strecke Schauplatz vieler dramatischer Rennen genutzt, bei denen sich die Fahrzeuge des Lokalmatadors Opel unzählige Duelle mit Rennfahrzeugen der damals bekannten Marken Adler, Stoewer, NSU oder HAG lieferten. Die Opel-Rennbahn war jahrelang Deutschlands populärste Rennstrecke und *das* Zentrum des deutschen Motorsports.

In Vorbereitung der spektakulären 230-km/h-Fahrt des RAK 2 von Fritz von Opel am 23. Mai 1928 auf der AVUS in Berlin, fuhr hier Kurt C. Volkhart ab März 1928 seine ersten Versuche mit dem Raketenwagen Opel RAK 1. Das Betonoval bei Rüsselsheim stand für den Fortschritt und die Zukunft des Automobils sowie für den „Rausch der Geschwindigkeit“. An Renntagen dröhnten die Rennwagen, mit damals sagenhaften 140 Sachen, durch die Steilkurven – und das Publikum tobte! In einem Bericht über das Frühjahrsrennen auf der Opel-Rennbahn am 31. Mai 1925 ist in der Clubzeitschrift des Frankfurter Automobil Clubs vom 3. Juni 1925 zu lesen: *„Wer einmal die Opelbahnrennen mitgemacht hat, kommt immer wie-*

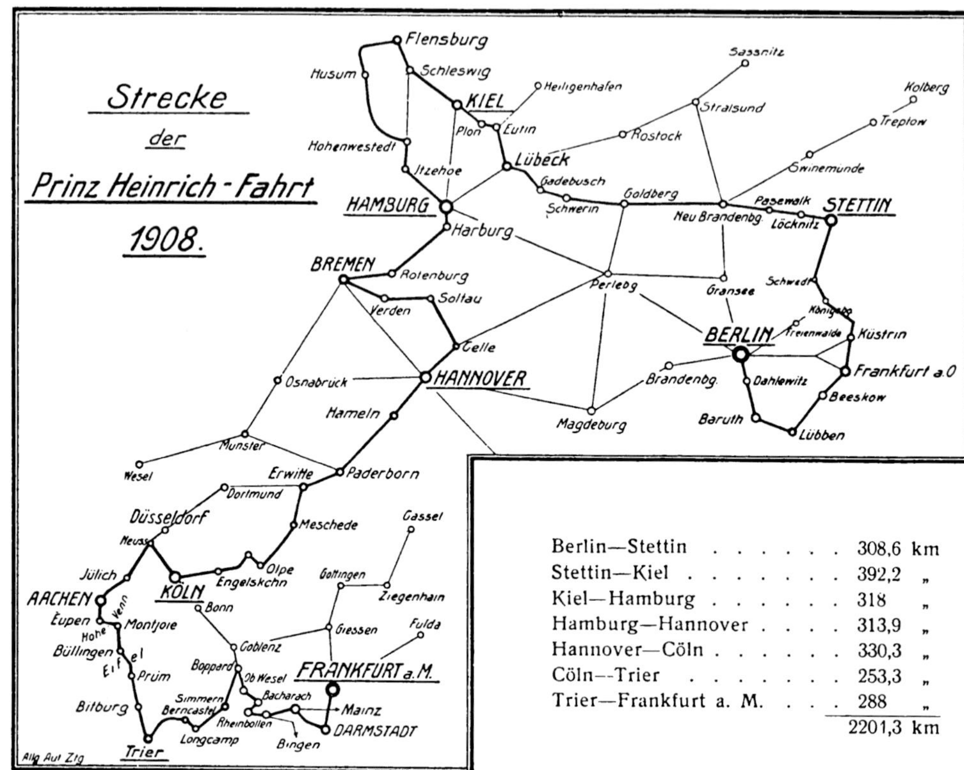

Berlin—Stettin	308,6 km
Stettin—Kiel	392,2 „
Kiel—Hamburg	318 „
Hamburg—Hannover	313,9 „
Hannover—Cöln	330,3 „
Cöln—Trier	253,3 „
Trier—Frankfurt a. M.	288 „
	2201,3 km

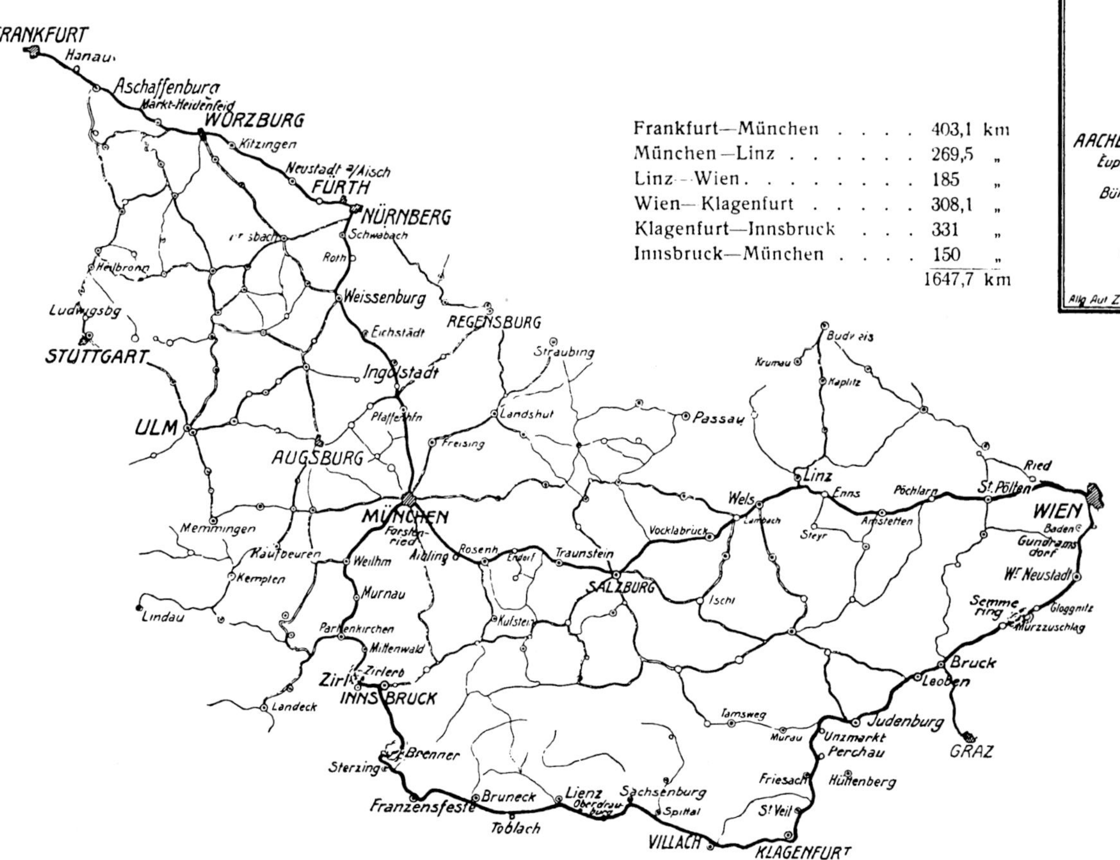

Frankfurt—München	403,1 km
München—Linz	269,5 „
Linz—Wien	185 „
Wien—Klagenfurt	308,1 „
Klagenfurt—Innsbruck	331 „
Innsbruck—München	150 „
	1647,7 km

Links: Die „Herkomerkonkurrenzen“ waren als „Internationale Tourenfahrten“ ausgeschriebene Langstrecken- und Zuverlässigkeitswettbewerbe und waren vom Maler, Universalkünstler und begeisterten Automobilisten Hubert von Herkomer ins Leben gerufen worden. Die Wettbewerbe wurden dreimal zwischen 1905 und 1907 mit unterschiedlicher und verlängerter Streckenführung ausgetragen. Hier die Streckenführung der Fahrt von 1906 aus Braunbeck's Sportlexikon.

Oben: Prinz Heinrich von Preußen war der Stifter der „Prinz-Heinrich-Fahrten“ und des damit verbundenen Preises des Kaiserlichen Automobil Clubs K A C. Diese ebenfalls als Langstrecken- und Zuverlässigkeitswettbewerbe ausgeschriebenen Fahrten traten die Nachfolge der „Herkomerkonkurrenzen“ an. „Prinz-Heinrich-Fahrten“ sollten die Automobiltouristik sowie die Technik der Automobile vorantreiben fördern und diese damit als zuverlässiges Verkehrsmittel populär machen. Aus Braunbeck's Sportlexikon übernommen und hier abgebildet ist die Strecke der ersten Fahrt von 1908.

Am 24. Oktober 1920 fand auf dem Betonoval der Opel-Rennbahn das Eröffnungsrennen statt. Die 1,5 km lange Strecke war zwar ursprünglich mehr als Fahrrad- und Motorradbahn konzipiert worden, stellte in den folgenden Jahren aber eindrucksvoll ihre Tauglichkeit als Automobilrennkurs unter Beweis. In diesem Sinne kann man die heute vergessene Rüsselsheimer Opel-Rennbahn nicht nur als erste deutsche Automobilrennstrecke, sondern quasi auch als „Mutter" des Nürburgrings oder „Großmutter" des Hockenheimrings bezeichnen.

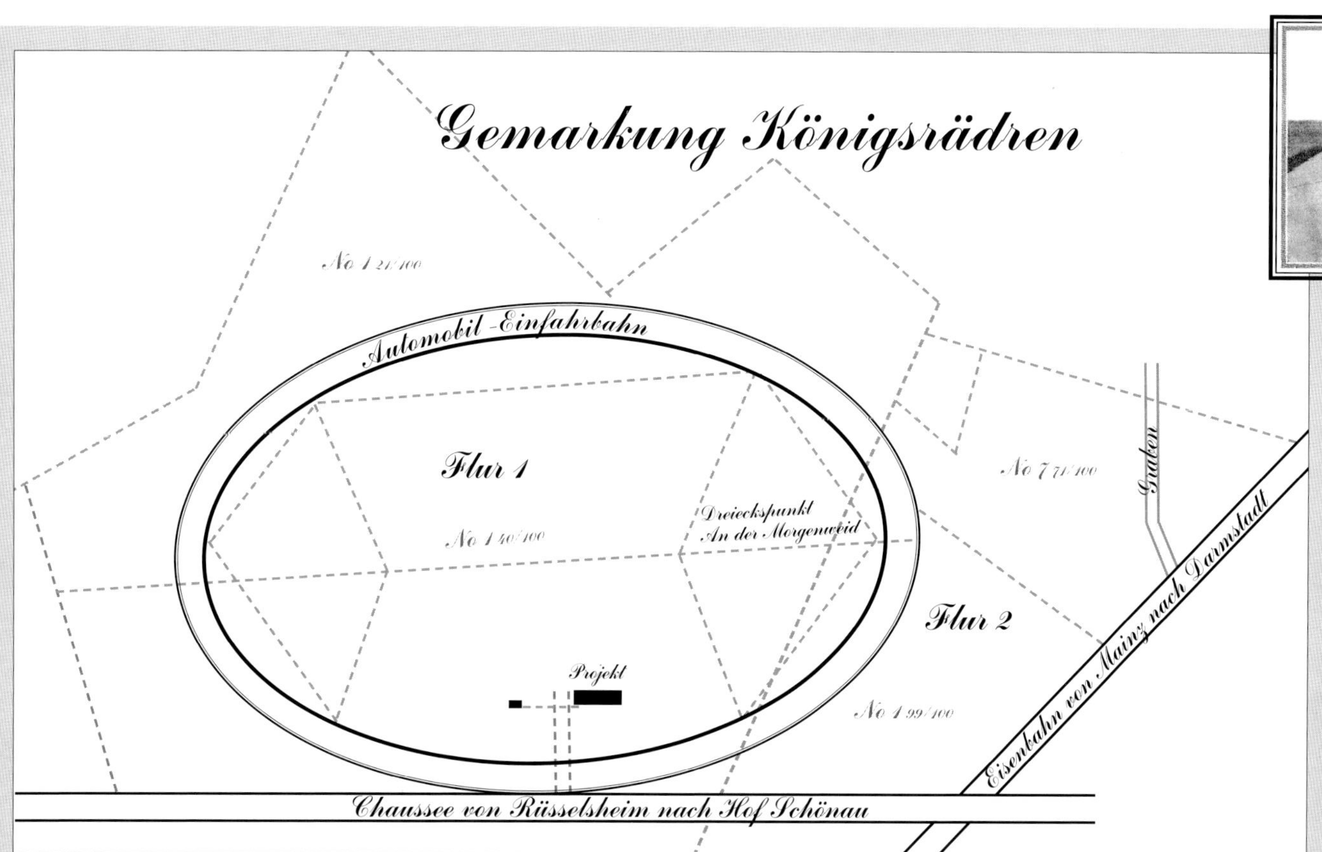

der, dem eigentümlichen Zauber dieser größten Veranstaltung kann sich niemand entziehen. Mag manchmal auf der Bahn selbst auch die Vielfalt der Veranstaltungen ermüden, die sportliche Spannung wird immer wieder neu angeregt und zum Schluß nimmt man die Erinnerung an einen erlebnisstarken, ereignisreichen Tag mit, dem man vielleicht – in Stunden zusammengeballt – ein Abbild unserer Zeit sehen könnte mit ihren Menschenmassen, ihrer Reklame und dem harten Ringen um Erfolg". Ein knappes Jahr nach Eröffnung der Rüsselsheimer Opel-Rennbahn, war das geschilderte Renngefühl auch in Berlin zu genießen: Am 24. und 25. September 1921 drängten sich an der riesigen, über 20 Kilometer langen AVUS im Grunewald mehr als 200.000 Zuschauer. Eingeteilt in unterschiedliche Klassen konnten sich folgende Autohersteller und Fahrer in die Siegerlisten eintragen: Hugo Wilhelm auf AGA, Fritz Hörner auf Benz, Oberingenieur W. Uren auf Fafnir und in der 10-PS-Klasse, sozusa-

Sonder-Züge

zum Opelbahn-Rennen am 31. Mai 1925.

Hinfahrt: Zur Hinfahrt verkehren keine Sonderzüge, da bereits verstärkter Pfingstverkehr besteht.

Rückfahrt: Rüsselsheim – Mainz – Wiesbaden
6[15] nachmittags ab Rüsselsheim
Rüssselheim – Frankfurt a. M.
6[30] nachmittags ab Rüsselsheim
Rüsselsheim – Darmstadt verkehren keine Sonderzüge, da fahrplanmässige um 6[00] u. 7[00] Uhr.

Sonderzüge brachten die Zuschauer zur Opel-Rennbahn. So pilgerten z.B. am 31. Mai 1925 etwa 50.000 rennsportbegeisterte Menschen zum Rüsselsheimer Betonoval (entnommen den Monatsheften des Frankfurter Automobil Clubs 1925).

Die Opel-Rennbahn war jahrelang Deutschlands populärste Rennstrecke – *das* Zentrum des deutschen Motorsports. Hier fuhr Kurt C. Volkhart ab März 1928 seine ersten Versuche mit dem Raketenwagen Opel RAK 1. Initiator für dieses außergewöhnliche Projekt war Max Valier (oben), hier am RAK 1 in Rennkluft aufgenommen. Die Rennstrecke nahe Rüsselsheim stand für den Fortschritt, die Zukunft des Automobils und für den Rausch der Geschwindigkeit. Die Fotografie links zeigt Kurt C. Volkhart am 11. April 1928 als Fahrer des Raketenwagens Opel RAK 1 vor dem Start auf der Opel-Rennbahn (113/34 links und 45/13 oben).

gen der Königsklasse der beiden Renntage, gelang Lokalmatador Rieken mit einem Wagen des Berliner Autoherstellers NAG ein vielumjubelter Sieg.

In der Folgezeit war die zur Erprobung von Kraftfahrzeugen und Fahrbahndecken konzipierte Versuchsstrecke Schauplatz vieler dramatischer Automobilrennen, und 1926 fand an dieser Stelle sogar der erste „Große Preis von Deutschland" statt. Zuvor hatte es in Deutschland keine vergleichbaren Rennsportveranstaltungen von internationaler Geltung gegeben. Gerade mal die 1924 und 1925 durchgeführten „24-Stunden-Fahrten" sowie das „A.v.D.-Taunusrennen 1925", an der historischen Stätte des „Gordon-Ben-

Oben: Der Raketenwagen Opel RAK 1 wird auf der Opel-Rennbahn für die Versuchsfahrten vorbereitet.

Rechts: Rauch, Gestank, Radau und eine Spitzengeschwindigkeit von etwa 100 km/h – hier der Raketenwagen in voller Fahrt auf der Opel-Rennbahn. Der Raketenantrieb hatte im Automobilbau jedoch keine Zukunft. Beide Fotografien stellte freundlicherweise das Archiv der Adam Opel AG zur Verfügung (113/33 oben und 45/36 rechts).
Aufnahmen: OPEL ARCHIV

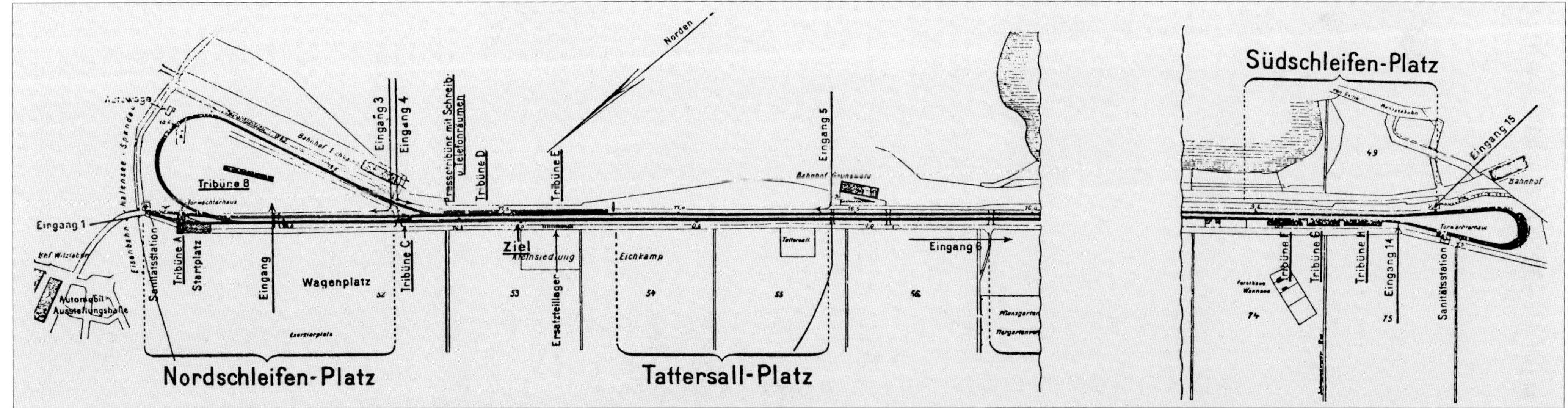

Am 24. und 25. September 1921 wurde in Berlin-Grunewald die über 20 km lange AVUS eröffnet und zum ersten Rennen kamen mehr als 200.000 Zuschauer. In der Folgezeit war die zur Erprobung von Kraftfahrzeugen und Fahrbahndecken konzipierte Versuchsstrecke Schauplatz vieler dramatischer Automobilrennen. 1926 wurde hier der erste „Große Preis von Deutschland“ durchgeführt.

Automobilrennen und Zuverlässigkeitsfahrten erfreuten sich bei Teilnehmern und Publikum allgemeiner Beliebtheit. Die Aufnahme von Dr. Paul Wolff von 1928 (oben) zeigt das Verkehrsaufkommen vor einer dieser Veranstaltungen (215/15).

Rechts oben/unten: Große Beachtung fanden auch die 1924 und 1925 an der historischen Stätte des „Gordon-Bennet-Cups" durchgeführten „24-Stunden-Fahrten" bei der Saalburg im Taunus. 1924 warb u.a. der Autobauer Falcon mit seinen Erfolgen in der Illustrierten „Sport im Bild".

net-Cups", bei der Saalburg im Taunus, hatten einen entsprechenden Wert. Selbst der deutsche Motorsport war infolge des verlorenen Ersten Weltkriegs international geächtet worden und geriet ins Abseits. Motorsport gab es in Deutschland hauptsächlich auf vielen kleineren, regionalen Veranstaltungen. Hier konnten „Inflationsfirmen", wie FAFAG, Omikron, Falcon, Ego, Bob, HAG, Fafnir oder Garbaty die Leistungsfähigkeit ihrer Wagen unter Beweis stellen. Aber natürlich beteiligten sich außer diesen in der Inflationszeit durch die Flucht in den „Sachwert Automobil" hochgespülten und kurzlebigen Kleinfirmen auch alt-

4/20 PS

FAFAG

Der anspruchslose ökonomische

Gebrauchswagen

für jede Straße und jeden Berg

Überlegener Sieger

im

Taunus-Klein-Autorennen 1924

Generalvertretung:

Prestowerke Aktien-Gesellschaft

Niederlassung Frankfurt-M/Kreuznacherstr. 18

Wir unterhalten nicht nur ein Verkaufsbüro, sondern eine fachmännisch geleitete, fabrikmäßig eingerichtete Werkstätte und ein musterhaftes Ersatzteillager.

Unsere beste Empfehlung ist die gewissenhafte Bedienung unserer Kundschaft und deren jederzeitige Zufriedenheit.

TAUNUS-RENNEN 1925

Ein in der Geschichte des Automobil-Sports einzig dastehender Erfolg:

Die beiden gestarteten

NSU — 5 PS

gesteuert von August Momberger jun., Frankfurt a. M. und Ernst Jslinger, Mannheim

schlagen die gesamte international gefürchtete Konkurrenz mit Wagen bis zu 10 PS

und registrieren mit nicht zu überbietender Zuverlässigkeit einen glänzenden

Doppelsieg im Gesamtklassement

Prämierung:

Beste Tageszeit/Schnelligkeitspreis der Klasse III/Schnellster Fahrer aller Kategorien/Gewinner des Hindenburg-Pokal

Gesamtstrecke 438 Km. mit 700 Kurven u. dauerndem Niveauwechsel Durchschnitts-Stundengeschwindigkeit 84,5 Km.

Neckarsulmer Fahrzeugwerke Akt.-Ges., Neckarsulm

Am 17. Juli 1927 fand der „Große Preis von Deutschland“ erstmals auf dem neueröffneten „Nürburg-Ring“ statt (oben, damals so geschrieben). Dabei war auch Dr. Paul Wolff mit seiner neuen Leica (8/95). So begann die große Zeit der legendären Rennstrecke, deren Name den Motorsportfreunden in aller Welt noch heute einen Schauer über den Rücken jagt. Eröffnet wurde die Strecke mit dem Eifelrennen, siehe die Programme links und links oben.

18 SIEGE IM JAHRE 1923
Ego 4/14 PS
Ego 4/14 PS
DAS BESTE KLEINAUTO
GESCHWINDIGKEIT 85 km / BRENNSTOFFVERBRAUCH 7–8 LITER PRO 100 km
SPORTZWEISITZER / VIERSITZER-PHAETONS / LIMOUSINEN / KABRIOLETTS / LIEFERWAGEN
Alleinvertrieb für Berlin und die Provinz Brandenburg:
Zweigniederlassung Berlin der Dürkopp-Werke A.-G., Unter den Linden 48/49
DOBRO-MOTORRÄDER, DIE QUALITÄTSMASCHINE 2½ PS
EGO AUTOMOBIL-VERTRIEBS-GESELLSCHAFT M.B.H., BERLIN W8
FRANZÖSISCHE STRASSE 53/54 / FERNSPRECH-ANSCHLUSS: MERKUR 5425, 5426, 7675

Nicht nur auf großen Rennstrecken, sondern gerade bei vielen regionalen Rennveranstaltungen konnten kleine Firmen die Leistungsfähigkeit ihrer Fahrzeuge unter Beweis stellen. Hersteller und Fahrer des Siegerwagens wurden dann in Tageszeitungen und Zeitschriften in großen, oft ganzseitigen Anzeigen bejubelt.

ehrwürdige deutsche Autohersteller, wie Adler, Benz, Stoewer oder Opel an solchen lokalen Rennveranstaltungen. In Tageszeitungen oder sonstigen Publikationen wurden dann Erfolge und glückliche Sieger in großen, oft ganzseitigen Anzeigen bejubelt.

Als „Notstandsarbeit“ begann aber 1926 die Zeit einer Rennstrecke in der Eifel, deren Name einen legendären Klang hat und den Motorsportfreunden in aller Welt noch heute einen wohligen

Der Nürburgring

Nordschleife 22,810 km

Start und Ziel

Südschleife

ERLÄUTERUNGEN

Nordschleife = 22,810 km
Südschleife = 7,747 km
Betonschleife am Start und Ziel = 2,292 km

A Ein- und Ausfahrt in Nürburg
B Ein- und Ausfahrt in Müllenbach
C Ein- und Ausfahrt in Breidscheid
①-㉒ km-Steine

Damen und Rennfahrer vor dem „Großen Preis von Deutschland“ am 19. Juli 1931 (528/12).

Schauer über den Rücken jagt: Am 17. Juli 1927 fand zum ersten Mal der „Große Preis von Deutschland“ auf dem neu eröffneten „Nürburg-Ring“/Nürburgring statt. Dieser Name sollte in der Folgezeit mit Rennfahrerassen wie Manfred von Brauchitsch, Hans Stuck, Louis Chiron, Rudolf Caracciola, Tazio Nuvolari, Bernd Rosemeyer, Hermann Lang und vielen anderen in Verbindung gebracht werden. Markennamen wie Bugatti, Maserati, Alfa Romeo, Mercedes-Benz und Auto Union haben sich nicht zuletzt durch den Nürburgring für immer in unser Gedächtnis eingebrannt. Rennwagen, rot-, blau- und silberglänzend, die auf dem auch „Grüne Hölle" genannten Eifelkurs beim Passieren der Zielgeraden bis zu 300 km/h erreichten. Die Zuschauer kamen in nicht enden wollenden Scharen zu den Veranstaltungen und sahen mit echter Begeisterung für die sportliche Leistung, wie die Auto Union- und Mercedes-Rennboliden Sieg um Sieg einfuhren. Den Menschen war aber nicht bekannt, dass diese beiden Unternehmen von den Machthabern besonders geförderten wurden, um auch auf der Rennstrecke „deutsche Stärke und Überlegenheit" zu demonstrieren.

Zunächst einmal zeigten sich die deutschen Rennwagen jedoch keineswegs überlegen. Die großen und schweren Mercedes SS-, SSK- und SSKL-Wagen waren den kleineren, leichteren und wendigeren Bugattis und Alfa Romeos eher unterlegen. Darüber konnten auch die Siege wie beispielsweise bei der Mille Miglia 1931 mit den Fahrern Rudolf Caracciola und Wilhelm Sebastian oder auch beim „Großen Preis von Deutschland" 1931, ebenfalls durch Rudolf Caracciola, nicht hinwegtäuschen. Dies änderte sich erst mit der von der internationalen Vereinigung der Automobilclubs für 1934 beschlossenen neuen Rennformel. Darin wurde das Gesamtgewicht für Rennwagen auf 750 Kilogramm festgelegt. Mit erheblicher staatlicher Unterstützung kamen danach die beiden deutschen Hersteller Auto Union und Mercedes-Benz als erste und am besten aus den Startlöchern. In der kleineren 1,5-Liter-Klasse beteiligte sich mit dem Zoller-Rennwagen auch ein weiteres deutsches Rennteam. Die kleineren Rennwagen der 1,5-Liter-Klasse wurden sicher nicht so hoch eingeschätzt und standen im Schatten der großen „Silberpfeile". Der für diese Saison mit privaten Geldern vorbereitete Zoller-Rennwagen wurde zum Fehlstart und kam trotz zahlreicher Vorschusslorbeeren nie richtig zu Rennerfolgen.

Fortsetzung auf Seite 88

Oben: Am Start zum „Großen Preis von Deutschland" am verregneten 19. Juli 1931 auf dem Nürburgring sind zu sehen: Der deutsche Rennfahrer Heinrich Joachim von Morgen (Startnummer 6) in seinem Bugatti T35 B (1932 verunglückte er hier tödlich). Dahinter Hans Stuck (Startnummer 10) auf Mercedes SSKL, links von ihm Ernst Burgaller (Startnummer 4) ebenfalls auf Bugatti T35 B und ganz links außen der spätere Sieger Rudolf Caracciola (Startnummer 8) auf Mercedes SSKL (362/115).

Rechts: Startnummer 26 – ein Maserati 26 M – wird am Morgen des 17. Juli 1932 aus den Boxen am Nürburgring geschoben und steht wenig später in der Startreihe zum „Großen Preis von Deutschland" (528/168).

Diese und rechte Seite: Bugattis (u.a. Startnummer 42) vor dem „Großen Preis von Deutschland“ am 17. Juli 1932 (528/132) auf dem auch als „grüne Hölle“ bezeichneten Eifelkurs. Bald darauf haben am Start …

… Rennwagen aller Marken und Nationalitäten Aufstellung genommen: Rot für die Italiener, Blau für die Franzosen, Grün für die Engländer und Weiß für die Deutschen. Hinten rechts die Nürburg (528/57).

Aber auch auf der Landstraße wollte die aufstrebende deutsche Autoindustrie mit Siegen bei Zuverlässigkeits- und Geländefahrten ihre neu gewonnene Spitzenstellung in der Welt demonstrieren. Daher wurde in den Jahren 1933 und 1934 – unter Federführung der NSKK (= Nationalsozialistisches Kraftfahrer Korps) und des ADAC – die Fahrt „2000 km durch Deutschland für Autos und Motorräder" veranstaltet. Ein Vorbild für die mit großem Aufwand innerhalb weniger Monate organisierte Zuverlässigkeitsfahrt war zweifelsohne die italienische „Mille Miglia". Gestartet wurde sie in Baden-Baden und führte 1933 über Stuttgart – Ulm, Augsburg – München – Nürnberg – Bayreuth – Hof – Chemnitz – Dresden – Berlin – Magdeburg – Braunschweig – Hameln –

Die Startaufstellung zum „Großen Preis von Deutschland" 1932 (oben) aus einem anderen Blickwinkel. Markennamen wie Bugatti, Maserati, Alfa Romeo, Mercedes-Benz und Auto Union haben sich nicht zuletzt durch den Nürburgring für immer in unser Gedächtnis eingebrannt. Links eine Rennszene aus Augenhöhe (oben 528/54, links 528/102).

Köln – Nürburgring – Kaiserslautern zurück zum Ausgangspunkt Baden-Baden. Die Strecke musste, nur durch Tankstopps unterbrochen, je nach Klasse des gestarteten Fahrzeugs, in 24 bis 35 Stunden durchfahren werden. Die Zeitschrift „Motor und Sport" schrieb im Jahr 1933 zu den Bedingungen der Fahrt: *Bei den „2000 Kilometer durch Deutschland" gibt es keine Sieger und Platzierte wie bei Geschwindigkeitsrennen, sondern Preisträger ist jeder, der Baden-Baden innerhalb der vorgeschriebenen Zeit erreicht, gleichgültig, welcher Klasse er angehört.*

Fortsetzung Seite 92

Oben: Die sportlichen Leistungen von Mensch und Maschinen konnten die Zuschauer auf hölzernen Zeittafeln verfolgen, die durch laufend wechselnde Zeiten und Positionen immer wieder per Hand aktualisiert wurden (528/54).

Rechts: Obwohl sich inzwischen viel geändert hat, entschieden bei Boxenstopps damals wie heute Können, Kraft und Schnelligkeit über Sieg oder Niederlage – rechts beispielsweise 1932 der Boxenstop von Baconin Borzacchini auf Alfa Romeo Typ B. Als „Boxenstopp" wird im Motorsport das kurze Stoppen eines Fahrzeugs in seiner Box bezeichnet, um dort aufzutanken, neue Reifen zu montieren und kleine Reparaturen/Einstellungen vorzunehmen – oder den Fahrer auszutauschen, siehe z.B. Le Mans (528/24).

IA 5566
5

Der Automobil-Rennsport erfreute sich damals in jeder Jahreszeit und bei allen noch so unpässlichen Witterungsbedingungen größter Beliebtheit – sowohl bei den Teilnehmern als auch beim Publikum. *„Nicht nur der Esel, sondern auch der Rennfahrer geht auf Eis wenn es ihm zu wohl wird"*. Der Titisee – im Südschwarzwald rund 30 km östlich von Freiburg gelegen – ist in fast jedem Winter zugefroren. Allerdings natürlich nicht immer so, dass das Eis gefahrlos begehbar oder gar befahrbar ist. Im Februar 1933 war es jedoch kalt genug, dass auf dem Titisee sogar ein Eisrennen ausgetragen werden konnte. Die Höllentalbahn Freiburg – Neustadt (Schwarzwald) musste zahlreiche Sonderzüge einlegen, um die mehr als 15.000 Zuschauer zu der bei klirrendem Frost ausgetragenen Veranstaltung zu befördern. Spikesreifen – in den Jahren um 1970 auch im öffentlichen Straßenverkehr der Bundesrepublik zugelassen – gaben den kleinen BMW Wartburg (oben rechts), den Bugattis (oben links) und auch dem großen Mercedes SSKL (linke Seite) eine gewisse Griffigkeit! Der Mercedes SSKL wurde von Hans Stuck (rechts neben dem Wagen mit Brille und Rennfahrerkappe) gefahren. Für Stuck war es sogar fast ein „Heimspiel", denn er wurde in Waldkirch im Breisgau (15 km nordöstlich von Freiburg) geboren und ist dort aufgewachsen (linke Seite 611/18, oben links 611/105 und oben rechts 611/110).

In den Jahren 1933 und 1934 wurde – unter Federführung des Nationalsozialistischen Kraftfahrer-Korps (NSKK) und dem ADAC – die Fahrt „2000 km durch Deutschland" für Autos und Motorräder veranstaltet. Die Aufnahmen dieser und der rechten Seite entstanden 1933 in Baden-Baden während der Vorbereitungen zum Start, u.a. mit Fahrzeugen von Adler und Hanomag (oben links 712/115), Horch (oben rechts 712/53) sowie wiederum von Adler (rechts 712/111) und auf der rechten Seite (712/122).

Bei dieser Fahrt sollte mehr das sportliche Motto „Dabeisein ist alles" gelten. Doch selbstverständlich wurde schon darauf geachtet, wer nach der langen und zermürbenden Tour das Ziel erreichte: Unter großem Jubel der Zuschauer kam 1933 – nach knapp 25 Stunden Fahrtzeit – als erster ein von Otto Winkelmann und Kronmüller gefahrener Adler Trumpf durchs Ziel. Dies entsprach der höchst beachtlichen Durchschnittsgeschwindigkeit von rund 83 km/h. 1934 konnten besonders die Wagen eines italienischen Autoherstellers beeindrucken: Trotz ihrer einfachen Technik erwiesen sich die kleinen Fiat-Balilla-Sportwagen als überlegene Fahrzeuge. In der Klasse bis 1 Liter Hubraum startend, legten die „Kleinen Italiener" Durchschnittsgeschwindigkeiten von über 80 km/h auf die Straße. Ein vom Team Bigalke/von Tippelskirch gefahrener Balilla sah gar fast 7 ½ Stunden vor der Sollzeit die Zielflagge in Baden-Baden.

Wohl aus organisatorischen Gründen wurde danach die Fahrt „2000 km durch Deutschland" nicht mehr veranstaltet. Zum einen wurden die Veranstalter durch den Andrang der Teilnehmer schier über den Haufen gerannt – die Teilnehmerzahl hatte sich von 1933 zu 1934 verdreieinhalbfacht. Zum anderen Teil gewannen die, mehr von militärischem Nutzen motivierten Geländesportfahrten durch Matsch und unwegsames Gelände immer mehr an Bedeutung. Die Qualität von Hochleistungswagen sollte möglicherweise auch mehr

Fortsetzung Seite 95

Continental
Reifen
ifen
Primus
T-8570
Adler Primus
T-8569
100
TRUMPF
T-8568
55
53

Bei den „2000 km durch Deutschland 1933“ entstand diese Aufnahme mit dem soeben das Ziel in Baden-Baden durchfahrenden, schnellen Röhr Junior Sport-Roadster mit den Fahrern Scheid/Ledwinka (712/133).

auf der Autorennstrecke bewiesen werden. Der Rennsport in der Königsklasse war endgültig – und nicht nur für die Deutschen – zu einer nationalen Angelegenheit geworden. Und für viele war die Überlegenheit der deutschen Fahrzeuge von Auto Union und Mercedes nach Jahren der motor- und rennsportlichen Bedeutungslosigkeit Deutschlands mehr als eine Genugtuung. So hatte Manfred von Brauchitsch beim Eifelrennen im Juni 1934 auf dem Nürburgring mit seinem „Silberpfeil" mit der eher nüchternen Typenbezeichnung W25 zum ersten Mal ein Rennen gewonnen und die gesamte internationale Motorsportwelt geschockt. In den folgenden Jahren sollte außer den absolut gleichwertigen Auto Union-Boliden kaum ein anderer Rennwagen an die Leistungsfähigkeit der Mercedes-Wagen herankommen.

Dies untermauerten auch Geschwindigkeits-Weltrekorde, die u.a. auf dem neu fertiggestellten Teilstück der Reichsautobahn Frankfurt – Darmstadt – Heidelberg erzielt

Rechts: Bei der Deutschland-Fahrt 1933 ging ein von Winkelmann/Kronmüller gesteuerter Adler Trumpf (Startnummer 55) als erstes Fahrzeug durch das Ziel in Baden-Baden, hier bei der Siegesfeier in Frankfurt am Main (712/253.

wurden. Auto Union hatte die Rekordfahrten bereits im März 1934 mit dem Rennfahrer Hans Stuck begonnen. Stuck erzielte schon bei den ersten Versuchen auf der AVUS neue Weltrekorde. Dies konnte Mercedes natürlich nicht auf sich sitzen lassen und stieg in die Jagd nach immer höheren Geschwindigkeiten ein. Neben Hans Stuck schraubten berühmte Fahrer wie Rudolf Caracciola oder Bernd Rosemeyer die Geschwindigkeitsrekorde für Automobile immer weiter nach oben. Hatte Hans Stuck im März 1936 noch über die Distanz von 5 km die Geschwindigkeit von 312,4 km/h erzielt, überschritt im Oktober 1937 Bernd Rosemeyer auf der Autobahn zwischen Frankfurt und Darmstadt die 400 km/h Grenze. Der als unbekümmert und besonders draufgängerisch geltende Rosemeyer fuhr 406,3 km/h auf einer „normalen" Straße – unvorstellbar, auch noch heute! Am 28. Januar 1938 erzielte dann Rudolf Caracciola für Mercedes einen für lange Zeit gültigen Rekord mit über 432 km/h. Beim Versuch, diesen Rekord zu brechen, verunglückte der beim Publikum besonders beliebte Bernd Rosemeyer am selben Tag tödlich. Durch eine Windböe hob sein Auto Union-Rekordwagen bei einer Geschwindigkeit von weit über 400 km/h von der Fahrbahn ab und zerschellte. Sein Tod war ein Schock – nicht nur für die Rennsportfreunde. Ein Gedenkstein am Autobahnparkplatz

Oben links: Start zur zweiten Fahrt „2000 km durch Deutschland" im Jahr 1934. Die Beliebtheit solcher Veranstaltungen spiegelt sich auch darin wider, dass sich – im Gegensatz zum Vorjahr – die Teilnehmerzahl vervielfacht hatte. Start und Ziel befanden sich wiederum in Baden-Baden (988/129).

Oben Mitte: Das Team Schneider/Tretter aus Karlsruhe startete bei der Fahrt des Jahres 1934 in einem 1.3-Liter-Opel. Die oftmals noch gepflasterten Straßen erwiesen sich bei Regen als besonders gefährliche Rutschbahnen (989/50).

Rechte Seite oben: Das Team Berg/Seckelmann in flotter Fahrt im BMW 315 auf der Strecke „2000 km durch Deutschland 1934". Von der Organisation bis hin zu den Absperrungen hatten die von der NSDAP gestellten Planer und Streckenposten bereits alles „im Griff" (988/20).

bei Langen an der Autobahn zwischen Frankfurt und Darmstadt erinnert noch heute an diesen tragischen Unfall.

Doch „das Rennen ging weiter". Mercedes und Auto Union reihten Sieg an Sieg. Der Rennsport wurde zu einer ziemlich einseitigen Sache. Aber das störte damals in Deutschland kaum jemanden. Den letzten Sieg mit einem „Silberpfeil" holte dann ein Italiener: Tazio Nuvolari siegte am 3. September 1939 mit einem Auto Union beim Großen Preis von Jugoslawien. Zwei Tage zuvor hatte mit dem Überfall der Wehrmacht auf Polen der Zweite Weltkrieg begonnen. Die Überlegenheit der deutschen Rennwagen endete im Chaos des Zweiten Weltkriegs und in einem total am Boden liegenden Deutschland. Danach gab es keine Auto Union-Rennwagen mehr auf dem Nürburgring. Aber es gab immer noch Mercedes, Alfa Romeo, Maserati und auch neue Marken wie die deutschen Veritas* oder die italienischen Ferrari. Diese Wagen schrieben die große Geschichte des Automobilrennsports weiter. „Schumi" und erst recht ein Sebastian Vettel waren noch lange nicht geboren. Aber der Rennsport fasziniert wie eh und je die Massen und die

*Veritas (lateinisch für Wahrheit) war nach dem Zweiten Weltkrieg ein deutscher Renn- und Sportwagenhersteller in Hausen am Andelsbach, Meßkirch im Landkreis Sigmaringen, in Muggensturm bei Rastatt (alle drei Orte in der Französischen Besatzungszone) und zuletzt am Nürburgring. Der ehemalige Motorradrennfahrer und Motorenspezialist Ernst Loof, vor dem Zweiten Weltkrieg Rennleiter bei BMW, baute ab 1947 Sport- und Wettbewerbsfahrzeuge auf der Basis des BMW 328. Zu diesem Zweck schloss er sich mit dem vormaligen kaufmännischen Leiter des BMW-Werks Allach, Lorenz Dietrich, dem populären Rennfahrer und BMW-Mitarbeiter Georg „Schorsch" Meier und dem früheren Sechstage-Radrennfahrer Werner Miethe zusammen. Im selben Jahr musste das Unternehmen jedoch wegen finanzieller Schwierigkeiten aufgeben.
Die Veritas-Rennwagen waren sehr erfolgreich. Sie starteten unter anderem am 6. August 1950 beim ersten internationalen Motorsportwettbewerb nach dem Zweiten Weltkrieg in Deutschland, dem „Großen Bergpreis am Schauinsland" in Freiburg (siehe EK-Buch *„Bergrekord am Schauinsland"!*) und dann am 20. August 1950 beim „Großen Preis von Deutschland" auf dem Nürburgring.

Dramatik der Wettbewerbe und die Technik der Boliden lockt auch noch heute hunderttausende Zuschauer zu den Rennen der DTM oder Formel 1 auf Nürburgring, Hockenheimring, Lausitzring oder Norisring. Letzterer ist übrigens Hitlers einstmaliges Reichsparteitags-Gelände in Nürnberg. Aber das ist eine ganz, ganz andere Geschichte … ❑

Oben: Das Fahrt bei der Fahrt „2000 km durch Deutschland" im Jahr 1934 erfolgreiche Opel-Team J. Bastian/St. Ensingmüller (Startnummer 234) mit seinem vorne lädierten 1.3-Liter-Wagen bei der Zieleinfahrt in Baden-Baden (989/25).

Rechts: Mit der Startnummer 244 die sehr erfolgreiche Fahrerin Edith Fritsch aus Berlin am Ziel (oben, 989/29) und mit Siegerkranz (rechts, 989/113) im 2-Liter-Opel. Die „2000 km durch Deutschland 1934" fuhr sie mit Beifahrer und Opel-Mitarbeiter K. Treber aus Rüsselsheim.

Rechte Seite: Am Bahnhof in Baden-Baden – heute das Festspielhaus – sind nach der Fahrt „2000 km durch Deutschland 1934" bzw. Abschluss der Siegerehrung die Wettbewerbsfahrzeuge verschiedenster Marken aufgestellt (989/73).

Opel dient dem Verkehr der
uns allen.
243
238
251

In den dreißiger Jahren wurden die Geschwindigkeits-Weltrekorde für Automobile von berühmten Rennfahrern wie Hans Stuck, Rudolf Caracciola oder Bernd Rosemeyer auf Rennwagen von Mercedes, Auto Union und anderen in bisher noch nie erreichte Höhen geschraubt. Geradezu ideal für solche Rekordversuche war die neue Autobahn zwischen Darmstadt und Frankfurt am Main mit ihren langen Geraden. Die Aufnahmen links und oben zeigen Hans Stuck mit Werkmechanikern von Auto Union bei einer der am 23. und 24. März 1936 durchgeführten Rekordfahrten.

(links 1535/27, oben 1535/54 und rechte Seite 1535/91)

Links oben 1566/129, links 1566/144, oben 1303/102

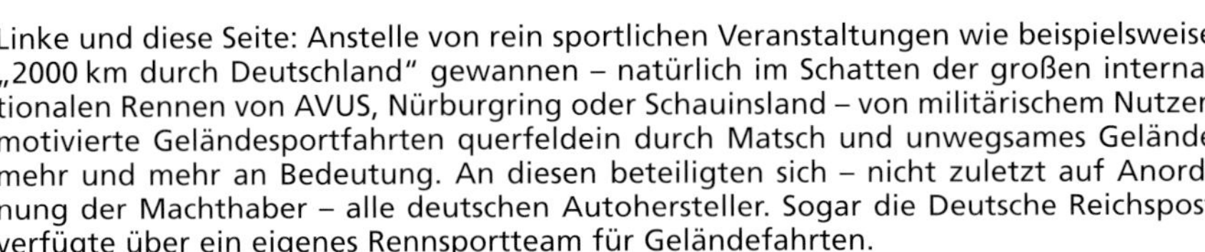

Linke und diese Seite: Anstelle von rein sportlichen Veranstaltungen wie beispielsweise „2000 km durch Deutschland" gewannen – natürlich im Schatten der großen internationalen Rennen von AVUS, Nürburgring oder Schauinsland – von militärischem Nutzen motivierte Geländesportfahrten querfeldein durch Matsch und unwegsames Gelände mehr und mehr an Bedeutung. An diesen beteiligten sich – nicht zuletzt auf Anordnung der Machthaber – alle deutschen Autohersteller. Sogar die Deutsche Reichspost verfügte über ein eigenes Rennsportteam für Geländefahrten.

Oben 1303/138, oben rechts 1566/231,rechts 1303/254

Reisefieber

Unterwegs auf staubiger Landstraße und auf dem Betonband der Autobahn

Es ist ja wohl eine alte Weisheit, dass Reisen bildet. Demzufolge könnten wir daraus schließen, dass heute, in Zeiten des Massentourismus, Wissen und Bildung der Menschen zugenommen haben. Wir erkennen jedoch, dass dem nicht so ist! Ob dies eventuell u.a. mit dem Verlust der traditionsreichen Kultur des Reisens zu tun hat?

Um es vorweg zu nehmen: Reisen konnten sich in früheren Zeiten nur reiche oder finanziell unabhängige Romantiker und Schöngeister leisten. Reisen bzw. Urlaub waren einst für die überwiegend bäuerlich geprägte Landbevölkerung, für Arbeiter, Handwerker oder Beschäftigte in der Industrie ein Fremdwort. Diese Menschen, besonders die zuletzt genannte Bevölkerungsschicht, hatte in Zeiten der Frühindustrialisierung ganz andere Probleme, als sich durch Reisen zu bilden. Erst durch Otto von Bismarcks Sozialgesetze – u.a. 1883 Krankenversicherung, 1884 Unfallversicherung, 1889 Alters- und Invaliditätsversicherung, 1891 gesetzliche Rentenversicherung – trat hier ein allmählicher Änderungsprozess ein, dessen ständigem Wandel wir jedoch auch noch heute unterliegen. Aber immerhin konnte es sich um 1900 der etwas gehobenere Mittelstand allmählich leisten, vielleicht einmal im Jahr für einige Tage an die See oder in die Berge zu fahren. Reisen über größere Entfernungen und zu erschwinglichen Preisen ermöglichte damals besonders die Eisenbahn, die sich in Deutschland, nach einer fast 60-jährigen Entwicklungszeit, auf ein hervorragend ausgebautes Schienennetz stützen konnte. Mit der Bahn erreichten die noch Sommerfrischler genannten Urlauber bereits fast jeden Winkel des Deutschen Reiches, wobei sich Ferien in der Sächsischen- oder Fränkischen Schweiz, in Oberbayern oder im Schwarzwald wie auch an der Nord- und besonders die Ostseeküste (der deutsche Bereich erstreckte sich damals noch über Pommern bis nach Ostpreußen) schon großer Beliebtheit erfreuten. Besonders in den Badeorten an Nord- und Ostsee hatte sich bereits ein richtiger Massentourismus entwickelt.

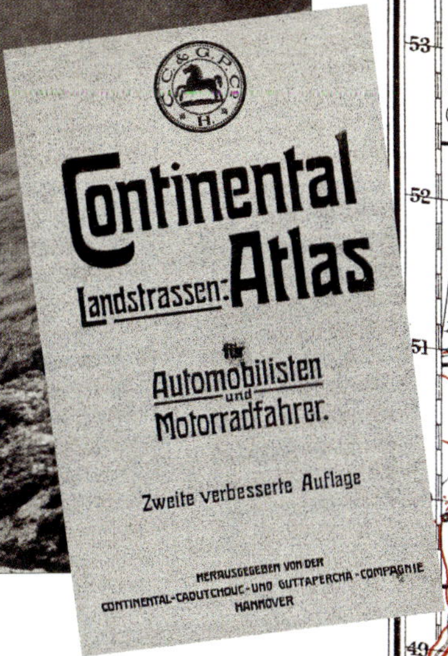

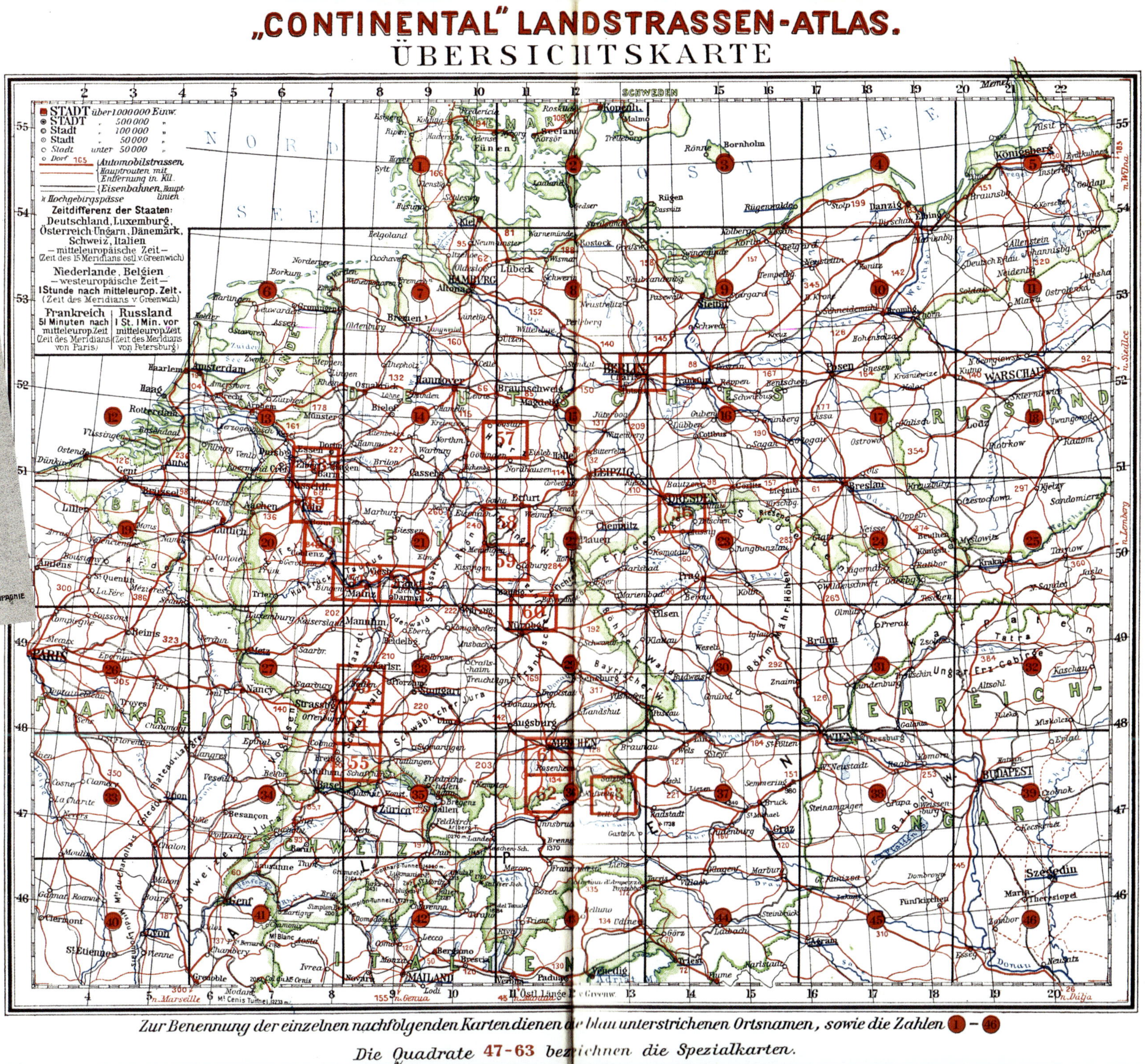

Ganz links: Die normale Landstraße bestand – auch noch in den zwanziger Jahren – je nach Witterung aus Schlamm, Pfützen oder aus Staub und aneinandergereihten Schlaglöchern (427/18).

Mitte und oben: Aller technischen Fortschritte und der stetig zunehmenden Zuverlässigkeit der Pkw zum Trotz waren in den zwanziger und dreißiger Jahren Auslandsreisen oder Fahrten über Alpenpässe eine Herausforderung für Mensch und Fahrzeug.

(Mitte 420/10, oben 420/38)

Rechts: Conti-Atlas von 1910 mit den deutschen und den ins Ausland führenden Fernstraßen.

Continental Landstrassen-Atlas für Automobilisten und Motorradfahrer.

Zweite verbesserte Auflage

Herausgegeben von der Continental-Caoutchouc- und Guttapercha-Compagnie Hannover

„CONTINENTAL" LANDSTRASSEN-ATLAS.

ÜBERSICHTSKARTE

Zur Benennung der einzelnen nachfolgenden Karten dienen die blau unterstrichenen Ortsnamen, sowie die Zahlen 1 – 46

Die Quadrate 47-63 bezeichnen die Spezialkarten.

In den Jahren um 1930 befanden sich in der oberbayerischen Gemeinde Oberammergau sogar noch einige Straßen in ihrem Ursprungszustand (links). Dagegen war in den Jahren um 1930 der überwiegende Teil der Fernstraßen Deutschlands gepflastert, hier z.B. 1934 in Friesland (rechts) mit einem Postbus – Mercedes/Trutz LO 2000, Baujahr 1933 – auf dem Weg nach Wilhelmshaven. Teerbeläge gab es nur in Abschnitten. Daneben wurde – wie hinter dem Postomnibus zu sehen – für Pferdefuhrwerke ein sogenannter Sommerweg mit stabilem Unterbau und Sand belegt unterhalten (links 725/85, rechts 1461/24).

Ganz verwegene Zeitgenossen machten sich aber auch schon – ungeachtet der drohenden Strapazen mit ihren unzuverlässigen, unkomfortablen und oft noch belächelten Motorwagen – auf den Weg. Bekannt ist die Fahrt von Otto Julius Bierbaum im Jahr 1901 von Berlin nach Sorrent. Der Nachwelt überliefert hat er seine mutige, abenteuerliche und für seine Zeitgenossen sicher als total verrückt empfundene Autoreise in seinem Buch „Eine empfindsame Reise im Automobil". Euphorisch verglich Bierbaum den „Laufwagen" (so bezeichnete er das Automobil) mit der Eisenbahn, und brach damit eine Lanze für das neue Fortbewegungsmittel: *„Wir werden nie von der Angst geplagt werden, daß wir einen Zug versäumen könnten. Wir werden nie nach dem Gepäckträger schreien, nie nachzählen müssen: eins, zwei, drei, vier – hat er alles? Herrgott, die Hutschachtel: sind auch die Schirme da? Wir werden nie in Gefahr laufen, mit unausstehlichen Menschen in ein Kupee gesperrt zu werden, dessen Fenster auch bei drückender Hitze nicht geöffnet werden darf, wenn jemand mitfährt, der an Zugangst leidet. Wir werden keinen Ruß in die Lungen bekommen. Wir werden selber bestimmen, ob wir schnell oder langsam fahren, wo wir anhalten, wo wir ohne Aufenthalt durchfahren wollen. Wir werden ganze Tage lang in frischer, bewegter Luft sein. Wir werden nicht in greulichen, furchtbaren Höhlen durch die Berge, sondern über die Berge weg fahren. Kurz, mein Herr! Wir werden wirklich reisen und uns nicht transportieren lassen"*. Eine Argumentation, die heute, trotz Staus und Verkehrsbehinderungen, noch für alle Verfechter des Individualverkehrs gilt. Allerdings war Bierbaums Denkweise vor 100 Jahren noch die Ausnahme. Herumzuschlagen hatte sich der Automobilist (auch als „Autler" bezeichnet) nicht nur mit der technischen Unzulänglichkeit seines Fortbewegungsmittels, sondern auch mit Vorurteilen von

Vor der Burg Horneck in Gundelsheim am Neckar wird im Jahr 1930 der große Mercedes Nürburg per Fähre übergesetzt (links). Im Rahmen der Neckarkanalisierung errichtete man in den Jahren 1935 bis 1937 die Staustufe Gundelsheim mit Schleuse, Wasserkraftwerk und aufgelegter Straßenbrücke. In den dreißiger Jahren wurde das Straßennetz in Deutschland grundlegend modernisiert, wobei kohlegefeuerte Dampfwalzen – sowohl zum Glätten des neuen Teerbelags als auch als Schleppfahrzeug – zum Einsatz kamen. Das Pkw-Kennzeichen IT steht für Hessen-Nassau (links 786/33, rechts 1988/461).

Zeitgenossen, die seinem Gefährt alles andere als freundlich gesonnen waren. So empfahl Otto Julius Bierbaum, auf Fahrten mit dem „Laufwagen" einen Stock mitzuführen, um lästige Kinder und unfreundliche Landbewohner zu vertreiben. Immer wieder kam es auch zu Reibereien und Streitfällen mit Fuhrleuten, denn für diese war der merkwürdige und ratternde „Stinkkarren" ein gefährlicher Gegner und berüchtigter Pferdeschreck. Ganz allgemein war die Bevölkerung nicht glücklich über die Benzinkutschen, die ihre Dorf- und Ortsstraßen unsicher machten und mitunter plattgefahrene Hühner und verstörtes Vieh hinterließen. Es war zu hören, dass in manchen Ortschaften sogar Seile über die Straßen gespannt wurden, um so die Durchfahrt von Automobilen zu verhindern, oder um ihren Fahrern ein Wegegeld abzunötigen. Zunächst bestenfalls mit Mitleid oder Spott bedacht, rollte das Automobil langsam und allmählich aus dem riesigen Schatten der Eisenbahn, seiner Dampflokomotiven sowie aus seinen Kinderschuhen. Im August 1914 brach der Erste Weltkrieg aus und viele, zunächst euphorische junge Männer sahen zum ersten Mal die „große weite Welt" – aber aus welchem Blickwinkel. Vom perfekt funktionierenden Transportmittel Eisenbahn wurden sie an die Fronten Ostpreußens/Russlands und nach Frankreich zu den im Stellungskrieg erstarrten Fronten an der Somme, Marne oder bei Verdun verfrachtet. Für unzählige, erstmals von ihrer Heimat bzw. vom Anblick des Kirchturms ihres Dorfes getrennte Männer gab es keine Rückkehr. Deutschland 1918: Nach dem verlorenen Krieg versuchte eine der alten Moral, Ordnung und Maßstäbe beraubte Gesellschaft wieder Tritt zu fassen. Das Kaiserreich war untergegangen und die junge Demokratie der Weimarer Republik machte erste, jedoch von vielen Seiten torpetierte Gehversuche. Als eines der großen Probleme der Wei-

Ob Berlin, Breslau, Köln oder München: Infolge der massiven Zunahme des Individualverkehrs um 1930 entstanden in den Großstädten nie gekannte Probleme (links 1638/32, Mitte 2147/76, rechts 1638/2042).

marer Republik erwiesen sich die gigantischen Reparationskosten, welche die Siegermächte im Vertrag von Versailles Deutschland aufgebürdet hatten und – bei regelmäßiger Zahlung – erst 1988 (!) beglichen gewesen wären.

An Ferien oder Urlaub konnte in dieser Nachkriegszeit des Hungers und der grenzenlosen Armut wiederum nur ein verschwindend geringer Teil der Bevölkerung denken! Allerdings hatte u.a. die Automobiltechnik im Ersten Weltkrieg einen großen Sprung nach vorne gemacht, und in den Jahren um bzw. nach 1920 bewegten diese Erkenntnisse sowie neue technische Möglichkeiten einige Autokonstrukteure zu frischem Tatendrang. Sie machten sich – wie schon in der Vorkriegszeit – Gedanken darüber, endlich ein „Volksauto", also ein Fahrzeug für Jedermann, zu bauen. Der „Volkswagen" sollte aber vorerst noch Zukunftsmusik bleiben. Während des Krieges hatte sich in einigen Regionen das für militärische Zwecke gebaute Straßennetz deutlich vergrößert und stand nun dem normalen Verkehr, natürlich auch den Automobilisten, zur Verfügung. Und so manches Automobil kam auf diesen oft holperigen Wegen nun auch in entlegenste Orte bzw. Landschaften, wenn es seine Federn und Achsen aushielten. Denn das Straßennetz Deutschlands hatte in den Kriegsjahren durch Truppentransporte und Nachschubkolonnen sowie durch mangelnde Unterhaltung sehr gelitten und erschwerte einen problemlosen Autoverkehr über größere Distanzen. Soweit der Straßenbelag noch nicht gepflastert oder geteert war bestand es, je nach Witterung, oft aus Staub, Schlamm, Pfützen oder aus aneinandergereihten Schlaglöchern. Eine Alternative vermochten in dieser Zeit auch die durch den Krieg verbrauchten, abgewirtschafteten und durch Reparationen geschwächten deutschen Eisenbahnen nicht mehr zu bieten.

LOWEN-
BOHMISCH
VS
20964
IA
9460

In den zwanziger und dreißiger Jahren wurden große Städte – nicht nur während des Berufsverkehrs – von Straßenfahrzeugen geradezu überrollt, und die allgemeine Verkehrssituation verschlechterte sich dort von Jahr zu Jahr. In verwinkelten Altstadtgassen waren Pferdefuhrwerke jahrhundertelang zurechtgekommen – für Lkw und Pkw reichte jedoch der Platz oftmals nicht mehr aus. Und schon gar nicht, wenn sie sich den knappen Raum auch noch mit Straßenbahnen teilen mussten. Die Aufnahmen dieser Seite entstanden um 1930 in Frankfurt am Main (oben 193/52, unten 193/27, rechts 193/52).

Laut einer im Juli 1930 in der Zeitschrift „Motor und Sport" veröffentlichten Statistik des Deutschen Landkreistages können wir uns das damalige Straßennetz in Deutschland wie folgt vorstellen: Gesamtlänge aller Kreisstraßen in Deutschland 128.025 km, davon waren 101.900 km geschottert, 16.823 km mit Großpflaster, 3.328 km mit Kleinpflaster und 1.972 km mit Klinkerpflaster belegt. 4.002 km waren geteert bzw. betoniert. Demnach bestanden die Chancen bei etwa 1 zu 4, in Deutschland eine einigermaßen gute Wegstrecke zu finden. Ernüchternd, denn auch die rund 67.000 km Staats- und Provinzialstraßen befanden sich überwiegend in einem ähnlich miserablen Zustand. In der

„Motor und Sport" 32/1933 stand unter „Das deutsche Straßennetz der Gegenwart" zu lesen: *„In einem Kreise waren die Straßen leidlich in Ordnung, in einem anderen traf der Fahrer selbst auf Hauptverkehrsstraßen auf endlose Schlaglochreihen. Auf einige Kilometer neuverlegtes griffiges Kleinpflaster folgten mehrere Kilometer bei Regen glatter und schlüpfriger Bitumendecken, dann wieder griffiger Teer und eine Strecke schlaglochübersäten, ungeschützten Makadam"* (Makadam = spezielle Bauweise von Straßen).

So wie heute die Ampeln, regulierte bis in die sechziger und siebziger Jahre ein Polizist den fließenden Verkehr an Kreuzungen (oben links), aufgenommen ebenfalls in Frankfurt (M). Sein Vorteil war, dass er das Verkehrsaufkommen im Auge hatte und sich entsprechend beliebig lange in die eine oder andere Richtung drehen konnte (1719/217).

In den zwanziger Jahren ausgearbeitete Pläne für den Bau von automobilgeeigneten Fernstraßen in Deutschland scheiterten hauptsächlich an der Finanzierung. So blieb die Landstraße bzw. deren Zustand weiterhin von den Planungen und finanziellen Möglichkeiten der Länder und Gemeinden abhängig. Auch die Beschilderung war allgemein schlecht, aber immerhin konnte der geübte Autofahrer die Hauptverkehrsverbindungen u.a. an ausgefahrenen Fahrspuren erkennen. Straßenzustand und schlecht getederte Automobile mit Starrachsen machten das Reisen oft zu allem anderen als zum Vergnügen. Eine Geschwindigkeit von über 30 km/h auf der Landstraße galt damals schon als riskant, wenn nicht sogar als halsbrecherisch. Kaum besser waren die Situationen in größeren Städten. Manche wurden während der Hauptverkehrszeiten bereits in den zwanziger und dreißiger Jahren vom Autoverkehr geradezu überrollt, aber die verwinkelten, oft noch aus dem Mittelalter stammenden Altstadtgassen waren natürlich nicht für Autos gedacht gewesen. Und oft kamen sich auch Pkw und das Personentransportmittel großer Städte, die elektrische Straßenbahn, in die Quere. Infolge der massiven Zunahme der Automobile entstanden in vielen Städten nie gekannte Verkehrsprobleme, für die teilweise bis heute keine Lösungen gefunden worden sind. Viele Experten erahnten bereits damals, welche Dimensionen der Pkw-Verkehr erreichen würde und – vor allem Automobilclubs – forderten Umgehungsstraßen und Flächen für Parkplätze. Es entstanden in den zwanziger und dreißiger Jahren auch schon Pläne für Großgaragen, die man in Städten wie Berlin konsequent umsetzte. Allerdings war (und ist) die „Laternengarage" die meistverbreitete Abstellmöglichkeit für Pkw. Na ja – unter solchen Bedingungen entdeckten in Deutschland viele den Spaß am Autofahren. Dabei setzte sich nun auch vermehrt die Damenwelt hinter das Lenkrad. Laut Statistik besaßen 1931 etwa 10 % der Frauen in Deutschland den bereits 1909 eingeführten Führerschein. Männlein wie Weiblein begannen gemeinsam die deutschen Straße unsicher zu machen.

Schon in den zwanziger und dreißiger Jahren werden in den Automobilzeitschriften Empfehlungen für landschaftlich besonders schöne, an Sehenswürdigkeiten vorbeiführende Fernstraßen vorgestellt. Automobilisten schrieben, teilweise unter dem Motto „Der

Probleme gab es damals aber nicht nur beim fließenden, sondern auch schon beim „ruhenden" Verkehr, wenn geparkte Fahrzeuge den knappen Raum zusätzlich verengten wie beispielsweise hier in Garmisch-Partenkirchen (1206/148).

Übrigens: Die Fahrzeuge der dreißiger Jahre hatten noch keine Heizungen. Die Autobauer waren noch nicht auf die Idee gekommen, einen Beipass vom Kühlkreislauf in den Innenraum zu legen. Dieses Problem wurde erst kurz vor dem Zweiten Weltkrieg gelöst.

Perfekter und bedienungsfreundlicher werdende Pkw sowie das inzwischen gut ausgebaute Straßennetz vergrößerten sich in den Jahren vor dem Zweiten Weltkrieg die Reiseaktivitäten der Menschen, hier bei Eschenlohe auf einer Frühlingsfahrt in Richtung Garmisch-Partenkirchen (1268/77). Die Karte auf der rechten Seite zeigt das deutsche (und mitteleuropäische) Straßennetz kurz vor dem Baubeginn der Autobahnen in den Jahren 1933/34.

Weg ist das Ziel", über ihre Reiseleistung im eigenen Wagen. Viele Autofreunde verbrachten ihre damals nur wenigen Urlaubstage anscheinend damit, das eigene Fahrzeug in Tagesetappen durch die „schöne deutsche Heimat" zu steuern und der neu gewonnenen Freiheit des Individualverkehrs zu frönen. Unter dem Titel *„Ein Reise-Erlebnis"* schreibt A. Röver in der Mai-Ausgabe 1925 des Frankfurter Automobil Clubs: *„Wir waren nach einer vierzehntägigen Tour in bayrischen Landen auf den Heimweg. Ein wundervoller Tag, schöne Straße, lachender Himmel, freundliche Menschen, vergnügte Gesichter im Wagen, freundlich grüßende und – blökende – Passanten und Landbewohner. Es staubt nicht! In flottem und angemessenem Tempo fuhren wir auf der Straße, die schnurgerade das Gelände durchschnitt, in die lachende Natur hinein. Es war eine wunderbar schöne Fahrt, ein Tag, so recht im Auto an dem wundervollen Panorama sein Herz und Auge zu erquicken"*. Noch wird die Harmonie zwischen Auto und Umwelt beschworen! Keiner konnte sich damals die vom Straßenverkehr bewirkten Umweltschäden und Zerstörung der Landschaft vorstellen. Für viele war das Automobil nicht nur ein Transportmittel, sondern es wurde zum Reisebegleiter, zum Familienmitglied, dem man selbstverständlich auch einen Namen gab wie z.B. Fritz, Lotte oder Grauer. Die Maschine

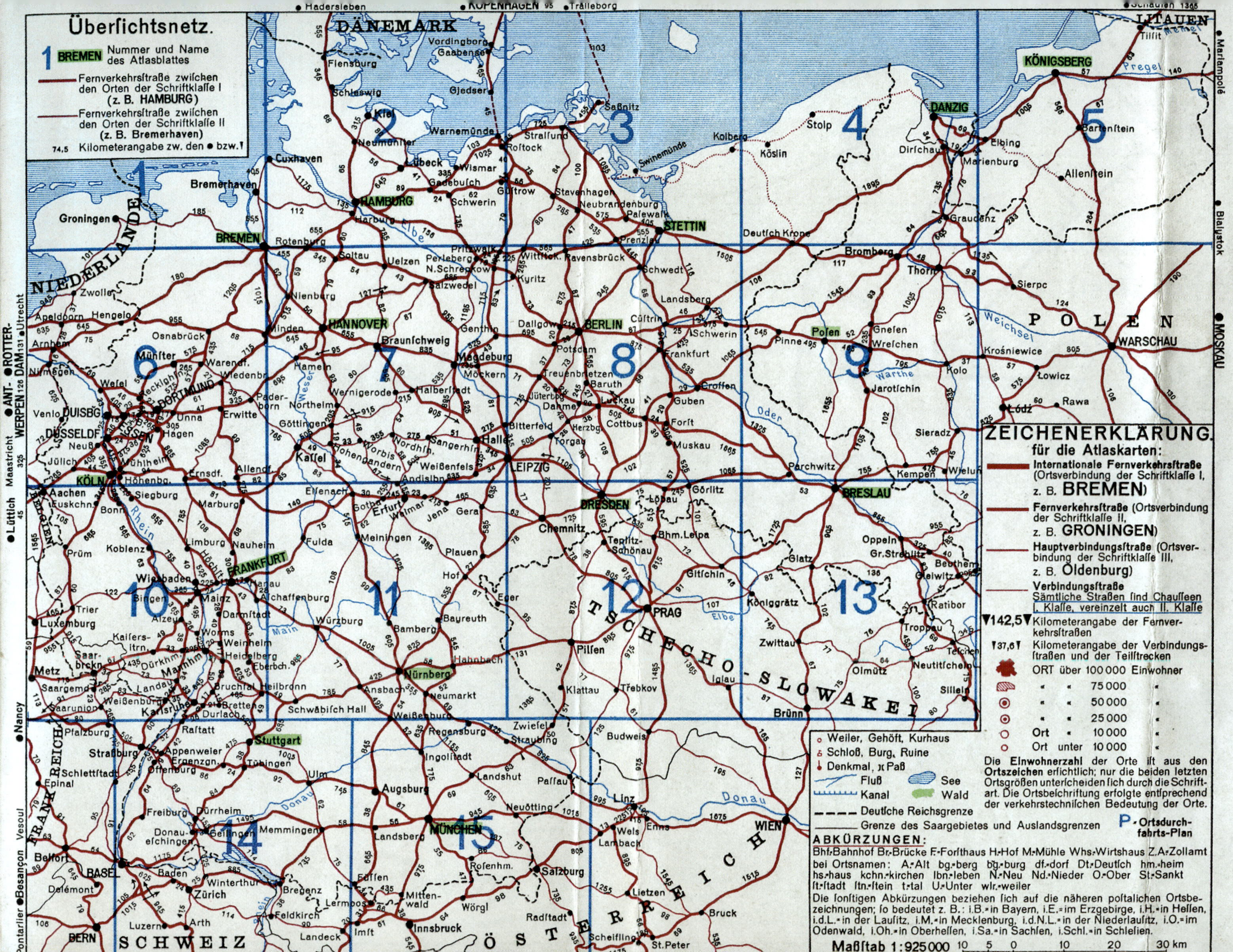
Überſichtsnetz.
1 BREMEN Nummer und Name des Atlasblattes
Fernverkehrsſtraße zwiſchen den Orten der Schriftklaſſe I (z. B. HAMBURG)
Fernverkehrsſtraße zwiſchen den Orten der Schriftklaſſe II (z. B. Bremerhaven)
74,5 Kilometerangabe zw. den ● bzw. ▼
DÄNEMARK
NIEDERLANDE
POLEN
LITAUEN
TSCHECHO-SLOWAKEI
ÖSTERREICH
SCHWEIZ
FRANKREICH
BELGIEN
ZEICHENERKLÄRUNG.
für die Atlaskarten:
Internationale Fernverkehrsſtraße (Ortsverbindung der Schriftklaſſe I, z. B. BREMEN)
Fernverkehrsſtraße (Ortsverbindung der Schriftklaſſe II, z. B. GRONINGEN)
Hauptverbindungsſtraße (Ortsverbindung der Schriftklaſſe III, z. B. Oldenburg)
Verbindungsſtraße
Sämtliche Straßen ſind Chauſſeen I. Klaſſe, vereinzelt auch II. Klaſſe
▼142,5▼ Kilometerangabe der Fernverkehrsſtraßen
▼37,6▼ Kilometerangabe der Verbindungsſtraßen und der Teilſtrecken
ORT über 100 000 Einwohner
» » 75 000 »
» » 50 000 »
» » 25 000 »
Ort » 10 000 »
Ort unter 10 000 »
Weiler, Gehöft, Kurhaus
Schloß, Burg, Ruine
Denkmal, Paß
Fluß
See
Kanal
Wald
Deutſche Reichsgrenze
Grenze des Saargebietes und Auslandsgrenzen
P. Ortsdurchfahrts-Plan
Die Einwohnerzahl der Orte iſt aus den Ortszeichen erſichtlich; nur die beiden letzten Ortsgrößen unterſcheiden ſich durch die Schriftart. Die Ortsbeſchriftung erfolgte entſprechend der verkehrstechniſchen Bedeutung der Orte.
ABKÜRZUNGEN:
Bhf.=Bahnhof Br.=Brücke F.=Forſthaus H.=Hof M.=Mühle Whs.=Wirtshaus Z.A.=Zollamt
bei Ortsnamen: A.=Alt bg.=berg bg.=burg df.=dorf Dt.=Deutſch hm.=heim hs.=haus kchn.=kirchen lbn.=leben N.=Neu Nd.=Nieder O.=Ober St.=Sankt ſt.=ſtadt ſtn.=ſtein t.=tal U.=Unter wlr.=weiler
Die ſonſtigen Abkürzungen beziehen ſich auf die näheren poſtaliſchen Ortsbezeichnungen; ſo bedeutet z. B.: i.B.=in Bayern, i.E.=im Erzgebirge, i.H.=in Heſſen, i.d.L.=in der Lauſitz, i.M.=in Mecklenburg, i.d.N.L.=in der Niederlauſitz, i.O.=im Odenwald, i.Oh.=in Oberheſſen, i.Sa.=in Sachſen, i.Schl.=in Schleſien.
Maßſtab 1:925 000
10 5 0 10 20 30 km

war an Stelle des Pferdes getreten – und so wurde sie auch behandelt. Der Ingenieur Hans Erich Vollmer empfahl 1931 in der „Motor und Sport" über die Behandlung des Pkw: *„Nach jeder Fahrt wasche man den Wagen mit kaltem reinem Wasser ab und warte nicht bis der Schmutz erhärtet, da Schmutz auf Lack matte Stellen hinterlässt. Einen verstaubten Wagen säubere man niemals mit einem Staubtuch, sondern mit einem Staubwedel ...!"*. – Eine Liebe und Sorgfalt, die sehr stark an die Zuwendung erinnert, die ein gewissenhafter Kutscher seinem für die Existenz wertvollen Pferd entgegenbrachte.

Zunächst noch über die lärmenden, staubaufwirbelnden, pferdeerschreckenden und hühnerplattfahrenden „Benzinkutschen" verärgert, erkannte allmählich auch die von den Automobilisten geschundene Landbevölkerung, dass mit dem bzw. durch das Auto Geld zu verdienen war. Ortschaften, in denen 25 Jahre zuvor noch Seile zur Behinderung

Diese und rechte Seite: „Volltanken und bitte Öl- und Wasserstand prüfen" – dies war an Tankstellen einst die Auftragserteilung des Autofahrers an den Tankwart (früher ein Lehrberuf). Meist sah dieser jedoch ohne Aufforderung nach, ob alles in Ordnung war. Während in den dreißiger Jahren in Städten und an Fernstraßen ein dichtes Tankstellennetz entstand, war es in abgelegenen Gegenden aber auch damals noch ratsam, jede Gelegenheit zur Ergänzung des Spritvorrates wahrzunehmen (links). Der hier dargestellte, einst selbstverständliche Services endete ab den siebziger Jahren mit der schrittweisen Umstellung der Tankstellen auf „Selbstbedienung" (links 1327/13, oben 1169/271).

644/173

1581/36

Oben 1877/624, rechts 2022/438, unten 2022/579

der Autofahrer über die Straße gespannt worden waren und das Verprügeln von Automobilisten eine willkommene Abwechslung im grauen Alltag war, hatten sich dem Fortschritt angeschlossen: Überall entstanden Autowerkstätten und Tankstellen. Landgasthöfe boten den durchreisenden Autofahrern Kost und Logis.

Aber ein Zuckerschlecken war das Autofahren – verglichen mit den heutigen Verhältnissen – immer noch nicht. Der damalige Autofahrer war in einem zugigen, undichten und unbeheizten Gefährt unterwegs. Er musste, je nach Lastzustand des Motors, die Zündung noch per Hand an einem Verstellhebel am Lenkrad nachjustieren. Durch schlechte Gummiqualität und auf der Straße herumliegende Hufnägel waren Reifenwechsel an der Tagesordnung. Der bereits geschilderte Straßenzustand marterte die Bandscheiben, und der aufgewirbelte Staub war mehr als lästig. Hatte der „Herrenfahrer" – so bezeichneten die Zeitgenossen einen Automobilisten der sein Auto selbst fuhr – dann das Glück, eine gute Straße zu erwischen und richtig drauftreten zu können, musste er stets mit einem langsamen Pferdefuhrwerk rechnen, das plötzlich vor ihm auftauchte oder auch bisweilen einfach auf der falschen Straßenseite entgegenkommen könnte. Schwere Unfälle mit Pferdefuhrwerken waren noch an der Tagesordnung. Doch in den dreißiger Jahren wurden das Verhalten bzw. die Verhältnisse im Straßenverkehr allmählich gesitteter und die Pkw in zunehmendem Maß perfekter und bedienungsfreundlicher. Entscheidend vergrößern konnte sich die Reiseaktivität der Automobilisten in den Jahren nach der „Machtergreifung" Hitlers. Die neuen Machthaber in Deutschland erkannten die Schlüsselstellung der Autoindustrie für Wirtschaft und Fortschritt. 1933 entfiel die Kraftfahrzeugsteuer und der Straßenbau wurde angekurbelt. Aber die weitaus überwiegende Zahl der Deutschen konnte sich nach wie vor kein eigenes Auto leisten, und man fuhr – wenn dies überhaupt möglich war – weiterhin zuverlässig mit der Deutschen Reichsbahn an die See oder in die Berge. Für treue Parteimitglieder und Volksgenossen übernahm „Kraft durch Freude" die Organisation der Ferien. Aber Reisen bzw. Urlaubsfahrten mit dem eigenen Auto haftete schon ein ganz besonderer Reiz an. Gerühmt wurden von überzeugten Automobilisten sowohl die Leistungsfähigkeit ihres Wagens als auch die Schönheit der Landschaft, die im wahrsten Sinn des Wortes noch erfahren werden musste. Die geschilderten schlechten Straßenverhältnisse waren für diese nur eine zusätzliche Herausforderung, mit der die Zuverlässigkeit des eigenen Automobils unter Beweis gestellt werden konnte.

Nach 1933 setzte auch hier ein Umschwung ein, die Straßen wurden nach und nach erneuert oder durch neu gebaute Fernstraßen und Autobahnen ersetzt. Dieses Netz vergrößerte sich stetig, und auch die Landstraßen erfuhren umfangreiche Erweiterungen und Erneuerungen. Bei den Planern herrschte der Gedanke vor, dass eine gut gebaute Straße die Schönheit der Landschaft nicht stören darf. Im Gegenteil, sie soll diese sogar noch hervorheben. Dies entsprach auch dem Gedankengut der Nationalsozialisten, die Staat, Umwelt und Landschaft sowie die darin lebenden „Übermenschen" mit den von ihnen geschaffenen Bauwerken und der „überlegenen" deutschen Technik, als eine Art Gesamtkunstwerk ansahen. Doch abgesehen von solchen Hintergründen: Mit einer für uns heute überraschenden Wirkung gelang es tatsächlich in vielen Fällen, eine Harmonie zwischen Straße und Landschaft herzustellen. Zwei Beispiele dafür sind die Mitte der dreißiger Jahre entstandene „Deutsche Alpenstraße" mit beeindruckendem Verlauf durch Berge und Täler sowie die großzügig ausgebaute Reichsstraße 2 von Stettin durch Pommern über Köslin und Stolp nach Danzig.

Allmählich fuhr der Mittelstand auch nicht mehr ausschließlich mit der Eisenbahn zur Arbeit oder in die Ferien, mancher leistete sich – wider jegliche Vernunft – ein eigenes Auto, und wenn es nur ein gebrauchter Adler Trumpf Junior oder Opel P4 war. Aber auch Luxusfahrzeuge wie Mercedes 500 K, Horch 853 oder Maybach SW 38 waren vermehrt zu sehen. Doch diese konnten sich ausschließlich betuchte Leute oder nun auch Parteibonzen der NSDAP leisten! Diese Klientel interessierte es wenig, dass sich diese prachtvollen Luxusautos bis zu 40 Liter Sprit auf 100 km genehmigten. Von den übrigen Autobesitzern wurden die Benzinpreise von 30 bis 40 Pfennig pro Liter als viel zu hoch empfunden – da gibt es keinen Unterschied zu heute. Und schnell fahren konnten die Autofahrer inzwischen auch, sofern die Technik des Autos mitspielte: Bis Ende der dreißiger Jahre verlief das Netz der Reichsautobahn bereits kreuz und quer durch Deutschland. Weltweit hatte kein Staat ein derart modernes Straßennetz zu bieten. Auch die Probleme mit den holperigen und staubigen Landstraßen hatten sich deutlich verbessert. Die vom Ersten Weltkrieg und dessen Folgen so getroffenen Deutschen waren wieder wer, und dies zeigten sie der Welt nicht zuletzt auch mit dem imposanten (allerdings auf „Pump" gebauten) Netz der grauen Betonbänder ihrer Reichsautobahn.

Kaum ein Bauprojekt der dreißiger Jahre wurde später so sehr mit den Nationalsozialisten in Zusammenhang gebracht wie das der Reichsautobahn. Dies führte sogar so weit, dass viele Menschen heute ganz unbedarft die Autobahn für eine Idee der Nationalsozialisten halten. Dazu trägt wohl hauptsächlich die Tatsache bei, dass dieses Großprojekt als eine der ersten Maßnahmen der Nationalsozialisten nach deren „Machtergreifung" in Angriff genommen wurde. Doch wie bei zahlreichen anderen Ideen und fertigen (aber bisher nicht finanzierbaren) Projekten, die von den Nationalsozialisten aus der Schublade geholt werden konnten, schmückten sich diese auch bei der Reichsautobahn mit fremden Federn (siehe auch EK-Buch „Der Autobahnschnellverkehr der Deutschen Reichsbahn"). Als Adolf Hitler durch seinen bekannten eifrigen ersten Spatenstich am 23. September 1933 den Bau der Reichsautobahnen startete, hatten bereits bestehende, umfangreiche Studien und verschiedene Versuchsstrecken die rasche Umsetzung dieses Projekts möglich gemacht. Die zügige Durchführung des Autobahnbaus beruhten auf den Bemühungen und sorgfältigen Vorarbeiten der HAFRABA – einer Gesellschaft, die sich schon in den Jahren der Weimarer Republik mit diesem Großprojekt befasst hatte. Im April 1927 hatte der am 6. November 1926 in Frankfurt (M) gegründete Verein in Darmstadt seine Pläne für eine „Autostraße von Hamburg über Frankfurt (M) nach Basel" vorgestellt. Aus den Anfangssilben dieser drei Städte war auch der Name HAFRABA gebildet worden! Gestützt auf Erfahrungen, welche die Verantwortlichen auch mit der Berliner AVUS – der ersten autobahnähnlichen Straße der Welt – gesammelt hatten, entwarfen die Fachausschüsse des Vereins die Grundlagen für das neuartige, ja revolutionäre Straßenprojekt „Autobahn". Es wurde damals jedoch nur mit wenig Gegenliebe aufgenommen, denn sogar Experten hielten die fast 900 km lange Betonpiste für kaum machbar. Die einen führten das Problem der Finanzierbarkeit ins Feld, andere sahen Probleme bei der technischen und logistischen Durchführung. Und selbst bereits realisierte Straßenbauprojekte, wie die in Italien schon 1924 eröffnete „Autostrada" konnten die Gegner der Autobahn nicht überzeugen. Es war damals ähnlich wie im Automobilbau: Es wurde nichts Neues gewagt. Auch die deutschen Automobilclubs, Automobilhersteller und deren Zulieferbetriebe standen dem modernen HAFRABA-Straßenprojekt mehr als skeptisch gegenüber. Kurt Kaftan hat uns in seinem Buch „Kampf um die Autobahnen" die Meinung von Geheimrat Wilhelm von Opel überliefert: *„Autobahnen bauen? Daß unsere Motoren verrecken?"*. Trotz dieser negativen Einstellung, nicht nur des Rüsselsheimer Geheimrates, zählte die HAFRABA immer mehr Mitglieder und ihr Einfluss wuchs. Letztlich ist es hauptsächlich den Bemühungen dieses Vereins zu verdanken, dass sich in Deutschland die Autobahn-Idee durchzusetzen begann. Eine erste – der Autobahn entsprechende – kreuzungsfreie Schnellstraße konnte schließlich

„Autostraße Hansestädte (Hamburg und Bremen) – Frankfurt a.M. – Basel – Genua" ist die Bezeichnung dieser im April 1927 in Darmstadt von der HAFRABA entworfenen Nur-Autostraße (Karte links), die – in Anbindung an die italienische Autostrada – bis Genua führen sollte. Der etwas seltsam klingende Name HAFRABA war aus den Anfangssilben der Städte Hamburg, Frankfurt (M) und Basel gebildet worden. 1934 wurde mit dem Bau der Reichsautobahnen begonnen (rechts, 801/331), hier bei Frankfurt am Main (siehe auch EK-Buch „Der Autobahnschnellverkehr der Deutschen Reichsbahn").

1932 zwischen Köln und Bonn eröffnet werden. Viele Automobilisten frönten dem Rausch der Geschwindigkeit und der Durchbruch für die „Nur-Autostraße", wie die Autobahn damals auch genannt wurde, schien geschafft.

Doch die Folgen der Weltwirtschaftskrise ließen diesen Träumen immer noch keine realistische Chance. Zwangsweise verschwanden die Pläne in der Schublade, aus der sie später durch die Nationalsozialisten wieder hervorgeholt wurden. Diese bemühten sich neben der Errichtung ihres totalitären Systems ebenso erfolgreich um die Schaffung des am 27. Juni 1933 verabschiedeten Gesetzes für den Autobahnbau in Deutschland. Darin ermächtigte der Gesetzgeber die deutsche Reichsbahngesellschaft zum Bau und Betrieb eines leistungsfähigen Netzes von Kraftfahrzeugbahnen, welches den Namen „Reichsautobahnen" tragen sollte. Bau und Finanzierung von überregionalen Straßen wurden aus der Zuständigkeit regionaler Behörden und Gesellschaften genommen und lagen jetzt in der Hand des NS-Staates. Ein weiteres Gesetz, das am 1. Juni 1933 beschlossene „Gesetz zur Verminderung der Arbeitslosigkeit", half bei der Umsetzung des ehrgeizigen Planes. Gleichzeitig berief man Dr. Fritz Todt zum Generalinspektor für das deutsche Straßenwesen. Als dieser der Presse die fast unglaublichen Pläne vorlegte und

Das Netz der Reichsautobahn, Stand 1. Januar 1938 (links). Bis dahin waren rund 2.000 Kilometer fertiggestellt (schwarze Linien). Die gestrichelten Linien zeigen die im Bau befindlichen, die anderen die zum Bau freigegebenen Abschnitte.

Unten: Zwischen Frankfurt (M) und Heidelberg entstand nach einem Gewitter diese Gegenlichtaufnahme (1463/454).

dazu erklärte, dass die Reichsautobahn für Spitzengeschwindigkeiten von 180 km/h konzipiert werden würde, reagierten diese mit maßlosem Staunen. Die Fachzeitschrift „Motor und Sport" schrieb in ihrer Ausgabe 37/1933: *„In 10 Jahren werden Reisegeschwindigkeiten von 180 km/h nicht mehr ungewöhnlich sein! Da steht man davor wie aufs Maul geschlagen. 180 Sachen? Mensch!"*.

Unverzüglich wurde in die Hände gespuckt und zu Spaten und Spitzhacke gegriffen. Währenddessen schoben die skrupellosen Machthaber die HAFRABA samt ihrem Geschäftsführer und visionären Autobahn-Vordenker Willy Hof auf das Abstellgleis, auf dem sie sich – von der Öffentlichkeit vergessen – auch noch heute befinden. Bis heute bewirkt die nationalsozialistische Propagandamaschine, dass die Autobahn im Bewusstsein der breiten Öffentlichkeit eine Erfindung Hitlers sei. Sie gilt immer noch als „Die Straße des Führers" und als Idee der Nationalsozialisten. Ebenso irreführend ist die Darstellung, dass der Autobahnbau die Arbeitslosigkeit in Deutschland beseitigt hätte. Natürlich fanden tausende Arbeitslose beim Bau der Reichsautobahnen einen neuen Broterwerb. Aber sicherlich hatte die Autobahn beim Abbau von über sechs Millionen Arbeitslosen nicht den alles entscheidenden Anteil. So sollen – einer Statistik von 1935 zufolge – nur etwa 15.000 Arbeiter an 22 Autobahnbaustellen im Einsatz gewesen sein. Anderen Angaben zufolge soll die Anzahl der Arbeiter zwar bis Anfang 1937 auf etwa 130.000 gestiegen sein, sie bleibt jedoch vor dem beschriebenen Hintergrund eher bescheiden. Erschreckend ist in diesem Zusammenhang auch die Tatsache, dass hunderte Arbeiter bei Arbeitsunfällen ums Leben gekommen sind. Die Baustellen der Reichsautobahn wurden anscheinend ohne Rücksicht auf Einzelschicksale vorangetrieben. Die NS-Ideologie zeigte sich auch hier:

Im Rahmen des Autobahnbaus entstanden modern gestaltete Tankstellen, Raststätten, Parkplätze und Straßenmeistereien. Unten ein deutscher Traumwagen – ein Horch 850 – an der Zapfsäule einer neuen Tankstelle (links 1524/32, oben 1524/7, unten 1524/11).

Der einzelne Mensch zählt nicht, die Gemeinschaft ist wichtig. Nach außen und in der Propaganda wurde diese Seite natürlich nicht gezeigt. Hier war die Reichsautobahn der Triumph der deutschen Ingenieurkunst und Arbeit.

Am 19. Mai 1935 konnte Hitler das erste vollendete Teilstück der Reichsautobahn zwischen Frankfurt (M) und Heidelberg eröffnen. Der Autobahnbau ging zügig weiter und „Motor und Sport" berichtete in ihrer Ausgabe 3/1938: *„Mit Ablauf des Jahres 1937 befanden sich 2000 Kilometer Reichsautobahnen in Betrieb. Weitere rund 1700 Kilometer sind im Bau begriffen, und bei diesen Strecken befinden sich in einer Ausdehnung von rund 800 Kilometer bereits wieder die Fahrbahndecken im Bau"*. Bis zum Zweiten Weltkrieg waren schließlich rund 3.700 Kilometer des geplanten Autobahnnetzes von 7.000 Kilometern fertiggestellt.

Es ist aus heutiger Sicht fast unglaublich, in welch kurzer Zeit das gigantische Bauvorhaben – einschließlich Rasthäusern, Rasthöfen, Raststätten, Tankstellen, Autohöfen, Parkplätzen, Straßenmeistereien und der damit verbundenen Infrastruktur – durchgezogen wurde! Selbstverständlich warfen sich die Verantwortlichen der Politik und der durch sie kontrollierten Medien damit ganz schön in die Brust. Hierzu ist in dem bereits zitierten Bericht in „Motor und Sport" 3/1938 zu lesen: *„Die Streckenbaufachleute der ganzen Welt bewundern diese unerhörte Leistung der deutschen Technik und des deutschen Volkes. Selbst die Amerikaner müssen bekennen, daß dieses Tempo unerhört und unerreicht ist. Fachleute und Kraftfahrer aus allen Kulturländern kommen nach Deutschland, um das gewaltige Werk zu sehen und daran zu studieren"*. In diesem Artikel wurde natürlich nicht erwähnt, dass es nur einem totalitären System, wie es in Deutschland herrschte, möglich war, Mittel und Wege (u.a. durch Enteignungen von Grundstückseigentümern) zu finden, um ein solches Projekt gegen jegliche Schwierigkeiten und Widerstände durchzuziehen. Doch dessen ungeachtet war das Projekt Reichsautobahn – nicht nur für Zeitgenossen – imposant und beeindruckend.

Wenn wir heute Bilder der ersten Abschnitte der Reichsautobahn sehen, fallen zwei Dinge ganz besonders auf: Zum einen ist es wirklich eindrucksvoll, mit welcher Harmonie sich die Fahrbahn in die Landschaft einfügt. Die Bauingenieure waren offensichtlich sehr darauf bedacht, dass diese das Landschaftsbild nicht zerstörte. Sie führten sie lieber um einen Hügel herum als durch große Einschnitte, und Brücken versuchten sie der

Die Eröffnung des ersten Teilstückes der Reichsautobahn zwischen Frankfurt (M) und Heidelberg bei Langen-Mörfelden unter Anwesenheit Hitlers am 19. Mai 1935 (oben links 1300/25, oben 1301/37).

jeweiligen Landschaftsform anzupassen. Andererseits wirkte die Autobahn wegen der niedrigen Kraftfahrzeugdichte wie leergefegt, denn 1937 kam statistisch nur auf jeden 50. Einwohner ein Pkw oder Lkw. Hier lag Deutschland – im Vergleich mit anderen europäischen Nationen wie England oder Frankreich – weit zurück. Außerdem standen selbst Automobilisten dem neuen Straßenbauwerk noch etwas skeptisch gegenüber, denn man empfand das lange und ermüdende Fahren auf Autobahnen mit stets gleichmäßig hoher Fahrgeschwindigkeit als große Belastung. Hinzu kam noch ein technisches Problem: Die Motoren sowohl der Lkw als auch der Pkw waren den hohen Geschwindigkeiten und der Dauerbelastung auf Autobahnen meist nicht gewachsen – sie waren noch nicht vollgasfest. Nicht selten traten an Motoren teuere und schwer zu reparierende Schäden an Kurbelwellen- oder Pleuellagern auf. Zumindest insofern hatte der zitierte Geheimrat Wilhelm von Opel recht behalten.

Auf genau diese Problematik wies auch „Motor und Sport" am Beispiel der italienischen Autostrada bereits in seiner Ausgabe 37/1933 hin: *„Werden also auf diese Weise überraschenderweise die Anforderungen an den Fahrer außerordentlich gesteigert, so nicht minder auch die an den Motor. Wie groß ist die Versuchung, viele 'zig Kilometer weit mit unverminderter Höchstgeschwindigkeit zu fahren, und so den Motor zu überdrehen. Und wie bedeutsam erhebt sich die grundlegende Frage, ob überhaupt unsere heutigen Gebrauchsmotoren diesen langen Höchstbeanspruchungen auf die Dauer gewachsen sind."* Hauptsächlich aus diesem technischen Grund mieden nicht nur die Besitzer älterer Fahrzeuge die neue Straße. Erst später begriffen die Menschen in Deutschland, dass die großzügigen Straßen Hitlers nicht nur für sie gebaut worden waren, sondern wohin sie letztlich führten, aber da war es bereits zu spät. Mit umständlich zu handhabenden Holzvergaseranlagen auf zerbombten und durch Panzerketten zerwühlten Straßen unterwegs zu sein, machte dann weitaus weniger Freude. In Deutschland dachte nach dem 1. September 1939 an Reisen im eigenen Automobil (von wenigen Ausnahmen abgesehen) niemand mehr. Trotzdem scheint die oft geäußerte Behauptung, die Autobahn sei ausschließlich als Truppenaufmarsch- und Transportweg geplant worden, nicht ganz richtig zu sein, und wurde wohl hauptsächlich durch Fotografien der so gut wie leeren Reichsautobahn geschürt. Die Wehrmacht sah die Beton- und Asphaltbänder der Autobahn als Aufmarschweg als weniger geeignet an. Sie vertraute – nach Aussage verschiedener glaubhafter Quellen – ihre Truppentransporte doch eher der Deutschen Reichsbahn an.

Militärischen Nutzen erfuhren die Autobahnen schließlich doch noch, aber auf von den Nationalsozialisten ungewollte Art: Nämlich 1945 beim Einmarsch der Alliierten nach Deutschland. Die Autobahnen entstanden zwar mit einem optimistischen Blick für die zukünftige Massenmotorisierung, waren aber zunächst – und infolge des Zweiten Weltkrieges – am zu dieser Zeit erforderlichen Bedarf vorbeigeplant. Erst nach 1950 entwickelten sie sich schrittweise zu den unverzichtbaren Hauptverkehrsadern unseres Landes.

Die neu eröffnete Reichsautobahn südlich von Frankfurt am Main im Jahr 1935. Auf den kilometerlangen Geraden wurden später die Geschwindigkeits-Weltrekorde von Auto Union und Mercedes erzielt, siehe die Seiten 100 und 101 (1272/5).

Zeitlichter

Daten und Tabellen zur deutschen Automobilgeschichte

2011 – wir schreiben das Jahr des 125. Geburtstages des Automobils, dessen Geschichte ein langer, von Erfolgen und Misserfolgen, von Innovationen und Fehlkonstruktionen gepflasterter Weg ist. In diesen 125 Jahren gab es alleine in Deutschland nahezu 500 Autohersteller (siehe Seiten 140/141): Amor, Badenia, Club, Dinos, Ego, Fulmina, Garbaty und Heim, in alphabetischer Reihenfolge ließe sich die Namensliste fast endlos ausdehnen – hinter diesen Bezeichnungen stehen Automobilpioniere, Schicksale und Geschichten von „Autos und Menschen". Der Aufstieg des Automobils begann nach dem Ersten Weltkrieg und mündete – unterbrochen durch den Zweiten Weltkrieg und die Nachkriegsjahre – in die Massenmotorisierung unserer Tage. Dieses Buch mit den einzigartigen Aufnahmen von Dr. Paul Wolff & Tritschler belegt, dass das Automobil in den zwanziger und dreißiger Jahren gesellschaftlich einen völlig anderen Stellenwert besaß. Das Fahren eines Pkw war etwas besonderes und unterscheidet sich drastisch vom heutigen Massenverkehr. Dabei drängen sich viele Fragen auf: Wer konnte sich damals ein Auto leisten? Was bedeutete es für einen „Automobilisten", ein Auto zu unterhalten und zu fahren? Wie war das Straßennetz ausgebaut? Wieviele Autos produzierten die deutschen Autohersteller in dieser Zeit? Was kostete es ein Auto damals? Und nicht zu vergessen: Die Namen der 500 Hersteller, die in der 125-jährigen Geschichte des Autos nicht überlebten. Die nachfolgenden Informationen und Tabellen verdeutlichen das zeitliche Umfeld und die Bedingungen in der früheren „Automobilgesellschaft" und geben Antworten auf wichtige Fragen zu diesem Thema.

Die größten deutschen Autohersteller vor dem Zweiten Weltkrieg – gemessen an den Neuzulassungen

1933		1935		1938	
Opel	28.494	Opel	77.126	Opel	81.983
DKW	10.300	DKW	28.240	DKW	39.939
Daimler-Benz	7.844	Adler	17.658	Daimler-Benz	20.889
Adler	7.476	Daimler-Benz	11.529	Ford	17.366
Ford	3.996	Hanomag	8.171	Adler	15.467

Restlos belegte Parkplätze während der Olympischen Sommerspiele 1936 in Berlin (1638/1763).

Pkw-Produktion in Deutschland von 1901 bis 1938

Vor dem Ersten Weltkrieg		Nach dem Ersten Weltkrieg	
1901	845	1925	38.988
1903	1.310	1926	31.958
1906	4.866	1927	84.668
1908	5.054	1928	101.701
1910	11.992	1929	92.025
1913	17.162	1930	71.960
		1931	58.774
		1932	41.727
		1933	90.041
		1934	147.418
		1935	205.606
		1936	244.640
		1937	269.396
		1938	276.804

Ausfuhr deutscher Pkw		Einfuhr ausländischer Pkw	
1922	**5.987**	1922	**807**
1923	**4.358**	1923	**1.169**
1924	**1.516**	1924	**4.927**
1925	**1.491**	1925	**9.595**
1926	**1.372**	1926	**9.697**
1927	**2.688**	1927	**11.383**
1928	**4.578**	1928	**18.274**
1929	**4.809**	1929	**14.513**
1930	**3.898**	1930	**12.567**
1931	**8.332**	1931	**3.343**
1932	**9.131**	1932	**2.569**

Nach von Seherr-Tross, H.C. (1974): „Die deutsche Automobilindustrie" – eine Dokumentation von 1886 bis heute, Deutsche Verlags-Anstalt, Stuttgart 1974

In den dreißiger Jahren entwickelte sich der Individualverkehr zum sehr ernst zu nehmenden Konkurrenten der Eisenbahnen. Diesem Druck versuchten die Bahnen mit der Indienststellung moderner Schienenfahrzeuge zu begegnen. Den Güterverkehr – hier mit der Lok 57 3415 – beherrschte die Bahn jedoch weiterhin unangefochten. Die gesamte positive Entwicklung im Schienen- wie auch im Straßenverkehr endete mit Ausbruch des Zweiten Weltkriegs am 1. September 1939 (1555/51).

Produktions- und Verkaufsgemeinschaften in der deutschen Automobilindustrie

GDA (Gemeinschaft Deutscher Automobilhersteller, 1919-1929) war eine Verkaufsgemeinschaft von:

NAG (Nationale Automobil Gesellschaft), Berlin
Hansa-Lloyd Werke AG, Bremen
Brennabor-Werke, Brandenburg a. d. Havel
Hansa Automobil- und Fahrzeugwerke AG, Varel
HAWA (Hannoversche Waggonfabrik), Hannover

DAK (Deutscher Automobil Konzern, 1919-1926), war eine Verkaufsgemeinschaft von:

Dux Automobilwerk AG, Leipzig–Wahren
Magirus AG, Ulm
Prestowerke AG, Chemnitz
VOMAG (Vogtländische Maschinenfabrik AG), Plauen

Auto Union: Diese war ein Zusammenschluss von:

Audi Werke AG, Zwickau
Horch Werke AG, Zwickau
DKW Zschopauer Motorenwerke, Zschopau
Wanderer Werke AG, Siegmar-Schönau bei Chemnitz

Arbeitsplatzverluste in der deutschen Automobilindustrie durch die Weltwirtschaftskrise:

1928 rund 84.000 und 1932 rund 34.000 Mitarbeiter

Daten einiger deutscher Mittelklassewagen (Limousinen) aus dem Jahr 1933

Adler Trumpf
Vierzylinder Reihenmotor mit 1,5 Liter Hubraum, 32 PS Leistung bei 3.500 U/min, Antrieb auf die Vorderräder, Einzelradaufhängung, Verbrauch ca. 10 Liter Benzin auf 100 km, Spitzengeschwindigkeit 95 km/h., Preis 3.750 Reichsmark (RM)

Mercedes Benz Typ 170 W 15
Sechszylinder Reihenmotor mit 1,7 Liter Hubraum, 32 PS Leistung bei 3.200 U/min, Antrieb auf die Hinterräder, Einzelradaufhängung, Verbrauch ca. 11 Liter Benzin auf 100 km, Spitzengeschwindigkeit 90 km/h., Preis 4.400 RM

Opel 1,8 Liter
Sechszylinder Reihenmotor mit 1,8 Liter Hubraum, 32 PS Leistung bei 3.200 U/min, Antrieb auf die Hinterräder, Starrachsen, Verbrauch ca. 11 Liter Benzin auf 100 km, Spitzengeschwindigkeit 90 km/h., Preis 3.150 RM

Wanderer 6/30 PS Typ W 15
Vierzylinder Reihenmotor mit 1,6 Liter Hubraum, 30 PS Leistung bei 3400 U/min, Antrieb auf die Hinterräder, Starrachsen, Verbrauch ca. 12 Liter Benzin auf 100 km, Spitzengeschwindigkeit 85 km/h., Preis ca. 5.000 RM

Brennabor Ideal Extra 7/30 PS Typ N
Vierzylinder Reihenmotor mit 1,65 Liter Hubraum, 30 PS Leistung bei 3200 U/min, Antrieb auf die Hinterräder, Starrachsen, Verbrauch ca. 10,5 Liter Benzin auf 100 km, Spitzengeschwindigkeit 75 km/h., Preis 3.590 RM

Stoewer R140
Vierzylinder Reihenmotor mit 1,5 Liter Hubraum, 30 PS Leistung bei 4.250 U/min, Antrieb auf die Vorderräder, Einzelradaufhängung, Verbrauch ca. 10 Liter Benzin auf 100 km, Spitzengeschwindigkeit 85 km/h., Preis 3.800 RM

Röhr Junior 6/30 PS
Vierzylinder Boxermotor mit 1,5 Liter Hubraum, 30 PS Leistung bei 3.500 U/min, Antrieb auf die Hinterräder, Einzelradaufhängung, Verbrauch 10 Liter Benzin auf 100 km, Spitzengeschwindigkeit 90 km/h., Preis 3.250 RM

Nach von Seherr-Tross, H.C. (1974): „Die deutsche Automobilindustrie" – eine Dokumentation von 1886 bis heute, Deutsche Verlags-Anstalt, Stuttgart 1974

Eine Frau umrundet die Erde im Adler Standard 6

Die Weltsensation war perfekt: Innerhalb von zwei Jahren und einem Monat hatte die bekannte Sportfahrerin Clärenore Stinnes mit ihrem Adler Standard 6 die Erde in östlicher Richtung umrundet. Die zierliche Frau legte dabei eine Fahrtstrecke von 46.758 Kilometer zurück.

Die strapazenreiche Fahrt begann am 25. Mai 1927 in Frankfurt am Main im Stammhaus der Adlerwerke und führte über folgende Route: Tschechoslowakei, Österreich, Ungarn, Serbien, Bulgarien, Türkei, Libanon, Syrien, Irak, Persien, Sowjetunion, Mongolei, China, Japan, Hawaii, USA, Panama, Peru, Bolivien, Argentinien, Chile, USA, Frankreich, zurück nach Deutschland. Unter Anwesenheit zahlreicher Freunde sowie natürlich der Prominenz aus Politik, Wirtschaft und Sport kam die Tochter des Großindustriellen Hugo Stinnes in Berlin an und wurde am 24. Juni 1929 im blumengeschmückten Verwaltungsgebäude der AVUS gefeiert. Die außergewöhnlichen Abenteuer dieser Fahrt schilderte sie danach in Vortragsreihen, dem Buch „Im Auto durch zwei Welten" sowie in einem einzigartigen Dokumentarfilm, der im Jahr 2012 mehrfach im Fernsehen zu sehen war.

Links: Adler Standard 6. Mit einem Pkw dieses Typs fuhr Clärenore Stinnes rund um die Welt.
Aufnahme: Adler MVC

2.000 Kilometer durch Deutschland

Obwohl es schon in den zwanziger Jahren Veranstaltungen unter der Bezeichnung „Deutschlandfahrt" gab, sind die „2000 km durch Deutschland" in ihrem Aufwand und ihrem Organisationsumfang die größte Veranstaltung dieser Art in Deutschland gewesen – und auch geblieben. Von den Verantwortlichen als „Teutonisches Gegenstück" der Italienischen „Mille Miglia" gedacht, wurde sie zweimal – vom 21. bis 23 Juli 1933 und am 21. bis 22 Juli 1934 – durchgeführt. Nur die totalitären Organisationsstrukturen der Nationalsozialisten ermöglichten solche Großveranstaltungen. Obwohl zusammen mit dem ADAC organisiert, lag die Oberhand bei der Durchführung beim NSKK (Nationalsozialistisches Kraftfahrer Korps), und die Absperrungen führte die SA durch. 1933 starteten 263 Motorräder, 35 Gespanne und 176 Autos. 1934 beteiligten sich bereits 1.088 Motorräder und 650 Autos. Die Teilnehmer der „2000 km durch Deutschland" waren nach folgenden Klassen eingeteilt:

1933

Klasse		Geforderte Durchschnittsgeschwindigkeit	
1. Gruppe	Kraftwagen	über 4.000 ccm	88 km/h
2. Gruppe	Kraftwagen	2.000-4.000 ccm	82 km/h
3. Gruppe	Kraftwagen	1.500-2.000 ccm	74 km/h
4. Gruppe	Kraftwagen	1.000-1.500 ccm	70 km/h
5. Gruppe	Kraftwagen	bis 1.000 ccm	60 km/h
6. Gruppe	Motorräder mit Beiwagen	über 600 ccm	66 km/h
7. Gruppe	Motorräder mit Beiwagen	bis 600 ccm	60 km/h
8. Gruppe	Motorräder	über 400 ccm	66 km/h
9. Gruppe	Motorräder	bis 400 ccm	60 km/h
10. Gruppe	Motorräder	bis 200 ccm	50 km/h

Nach Meurer, A. (Hrsg.): 2000 Kilometer durch Deutschland, H. Bechthold Verlagsbuchhandlung, Frankfurt am Main, 1933.

1934

Klasse		Geforderte Durchschnittsgeschwindigkeit	
1. Gruppe	Kraftwagen	über 4.000 ccm	88 km/h
2. Gruppe	Kraftwagen	über 3.000-4.000 ccm	84 km/h
3. Gruppe	Kraftwagen	über 2.000-3.000 ccm	80 km/h
4. Gruppe	Kraftwagen	über 1.500-2.000 ccm	76 km/h
5. Gruppe	Kraftwagen	über 1.000-1.500 ccm	72 km/h
6. Gruppe	Kraftwagen	bis 1.000 ccm	64 km/h
7. Gruppe	Motorräder mit Beiwagen	über 600 ccm	66 km/h
8. Gruppe	Motorräder mit Beiwagen	bis 600 ccm	60 km/h
9. Gruppe	Motorräder	über 500 ccm	68 km/h
10. Gruppe	Motorräder	bis 500 ccm	64 km/h
11. Gruppe	Motorräder	bis 350 ccm	62 km/h
12. Gruppe	Motorräder	bis 250 ccm	56 km/h

Nach o.V.: Schluss-Bericht der „2000 Kilometer durch Deutschland 1934", Oberste Nationale Sportbehörde, Berlin, 1934.

Nach 1934 ging bei den Machthabern das Interesse an den „2000 km durch Deutschland" verloren. 1989 wurde eine Veranstaltung für Veteranenfahrzeuge ins Leben gerufen, die einmal im Jahr mit einer mehrtägigen Fahrt durch Deutschland an diese historische Großveranstaltung erinnern soll.

Rechts: Voralpenfahrt 1938/39, hier mit einem Audi. Das Foto entstand bei Unterammergau/Scherenau in Fahrtrichtung Altenau/Saulgrub (845/23).

Autoausstellungen in Berlin von 1897 bis 1939

Hotel Bristol, Unter den Linden	30. September 1897
Landesausstellungspark am Lehrter Bahnhof	24. Mai 1898
Exerzierhaus, Karlstraße 34/35	3. bis 28 September 1899
Bahnhof Friedrichstraße	15. bis 26. Mai 1902
Saalbau der Flora, Charlottenburg	7. bis 22. Mai 1903
Landesausstellungspark am Lehrter Bahnhof	4. bis 15. Mai 1905
Landesausstellungspark am Lehrter Bahnhof	3. bis 18. Februar 1906
Ausstellungshalle am Zoologischen Garten	1. bis 12. November 1906
Ausstellungshalle am Zoologischen Garten	5. bis 15. und 19. bis 22. Dezember 1907
Ausstellungshalle am Zoologischen Garten	12. bis 22. Oktober 1911
Ausstellungshalle am Kaiserdamm	23. September bis 2. Oktober 1921
Ausstellungshalle am Kaiserdamm	18. September bis 7. Oktober 1923
Ausstellungshalle am Kaiserdamm	10. bis 18. Dezember 1924
Ausstellungshalle am Kaiserdamm,	26. November bis 6. Dezember 1925
Ausstellungshalle am Kaiserdamm	29. Oktober bis 7. November 1926
Ausstellungshalle am Kaiserdamm	8. bis 18. November 1928
Ausstellungshalle am Kaiserdamm	19. Februar bis 1. März 1931
Ausstellungshalle am Kaiserdamm	11. bis 23. Februar 1933
Ausstellungshalle am Kaiserdamm	8. bis 18. März 1934
Ausstellungshalle am Kaiserdamm	14. bis 24. Februar 1935
Ausstellungshalle am Kaiserdamm	15. Februar bis 1. März 1936
Ausstellungshalle am Kaiserdamm	20. Februar bis 7. März 1937
Ausstellungshalle am Kaiserdamm	18. Februar bis 6. März. 1938
Ausstellungshalle am Kaiserdamm	17. Februar bis 5. März 1939

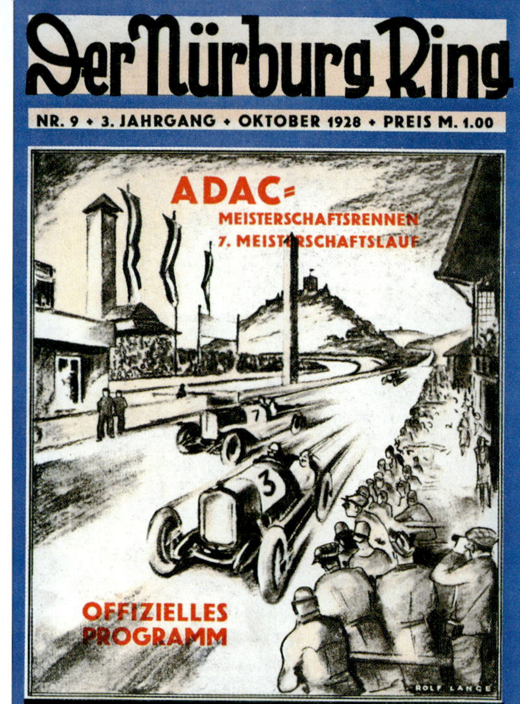

Titelseite der Zeitschrift „Der Nürburg Ring" für ein Rennen auf dem im Vorjahr eröffneten Nürburgring (links). Die Aquarelle rechts und unten wurden der Illustrierten „Sport im Bild" vom 25. September 1927 entnommen.

In den Nachkriegsjahren 1949, 1950 und 1951 wurden in Berlin nochmals Automobilausstellungen veranstaltet. Danach jedoch veranlasste „sowohl die räumliche als auch politisch exponierte Lage Berlins" den veranstaltenden VDA (Verband der Automobilindustrie), die Internationale Automobil Ausstellung (IAA) „vorläufig" nach Frankfurt (M) zu verlegen. Doch aus dem „vorläufig" wurde ein Dauerzustand, und bis heute finden die alle zwei Jahre durchgeführten Automobilausstellungen in Frankfurt (M) statt. (nach Stuhlemmer: „85 Jahre Berliner Automobil-Ausstellungen", Dalton Watson Ltd., London 1982).

Automobilsport

Sieger der Großen Preise von Deutschland 1926 bis 1939

Jahr	Fahrer	Fahrzeug	Rennstrecke
1926	**Rudolf Caracciola**	Mercedes Benz	AVUS
1927	**Otto Merz**	Mercedes Benz	Nürburgring
1928	**Christian/Caracciola**	Mercedes Benz	Nürburgring
1929	**Louis Chiron**	Bugatti	Nürburgring
1930	Ausgefallen		
1931	**Rudolf Caracciola**	Mercedes Benz	Nürburgring
1932	**Rudolf Caracciola**	Alfa Romeo	Nürburgring
1933	Ausgefallen		
1934	**Hans Stuck**	Auto Union	Nürburgring
1935	**Tazio Nuvolari**	Alfa Romeo	Nürburgring
1936	**Bernd Rosemeyer**	Auto Union	Nürburgring
1937	**Rudolf Caracciola**	Mercedes Benz	Nürburgring
1938	**Richard Seaman**	Mercedes Benz	Nürburgring
1939	**Rudolf Caracciola**	Mercedes Benz	Nürburgring

Nach von Seherr-Tross, H.C. (1974): „Die deutsche Automobilindustrie" – eine Dokumentation von 1886 bis heute, Deutsche Verlags-Anstalt, Stuttgart 1974

Was bedeutet die Bezeichnung 6/30 PS (Steuer-PS und die tatsächliche Motorleistung)?

Sicher verursacht heute die Angabe von zwei durch einen Querstrich getrennte Leistungsangaben bei historischen Fahrzeugen für Verwirrung – so zum Beispiel beim Röhr Junior 6/30 PS – grundsätzlich sind sie aber leicht zu erklären: Bei dieser Kennzeichnung steht die erste, niedrigere Leistungsangabe für die Steuer-PS, während die zweite PS-Angabe die eigentliche Leistung des Fahrzeugs anzeigt. Heute wird die tatsächliche Leistung eines Motors nach einer festgelegten Norm ermittelt und deren Richtigkeit in einer Typprüfung festgestellt. Früher waren die Leistungsangaben bei vielen Autoherstellern sehr ungenau und wurden oftmals willkürlich festgelegt. Zudem unterschied sich das Procedere zur Ermittlung der tatsächlichen Leistung eines Automobils. Um von den oft geschönten Leistungsangaben der Automobilhersteller für die Ermittlung von Steuern unabhängig zu sein, hatten viele Länder – zur Ermittlung der steuerlichen Abgaben – deshalb die Steuer-PS eingeführt. Diese wurden durch eine rechnerische Formel ermittelt, die in den einzelnen Industrieländern sehr unterschiedlich sein konnte (in Frankreich erfolgt die Einteilung eigentlich immer noch so). Ein auch in Deutschland bekanntes Beispiel ist die berühmte „Ente", der Citroën 2 CV oder „Deux Chevaux". Diese Bezeichnung stand für die zu versteuernde Leistung von zwei Pferdestärken. In Deutschland rechnete der Fiskus – gemäß dem Automobil-Steuergesetz vom 3. Juni 1906 – nach folgender Formel:

Der bis zu 200 PS starke Mercedes-Benz 500/540 K von 1936 gilt als eines der schönsten und heute teuersten Autos überhaupt (2331/263).

- Viertakt-Motoren = Steuer-PS = 0,30 x Zylinderzahl x Bohrung im Quadrat x Kolbenhub;
- Zweitakt-Motoren = Steuer-PS = 0,45 x Zylinderzahl x Bohrung im Quadrat x Kolbenhub.

Kontrastprogramm an der Reichsautobahn: Das Fahren in den dreißiger Jahren vermittelte noch ganz andere Eindrücke wie heute. Von den wenigen Pkw lässt sich die Bäuerin nicht bei ihrer Arbeit stören und für die Kinder sind Autobahn und Autos – wie die Eisenbahn – ein Blick in die „große weite Welt". Die Aufnahme entstand zwischen Frankfurt (M) und Darmstadt. Die Karosserieform des Vorkriegs-Opel (links) wurde in den Nachkriegsjahren beim Opel-Olympia – mit modernisiertem Kühler – weiter verwendet. Hinten ein Pkw von Adler (links 2082/86, rechts 1931/53).

Nach dieser bis zum Jahr 1928 gültigen Regelung entsprachen:

- **1 Steuer-PS bei Viertakt-Motoren einem Hubraum von 261,8 ccm**
- **1 Steuer-PS bei Zweitakt-Motoren einem Hubraum von 175,5 ccm**

Bei einem Viertakt-Motor entsprach also 1 Steuer-PS einem Hubraum von etwa 0,25 Liter. Ein Wagen wie der Röhr Junior 6/30, hatte mit 6 Steuer-PS demnach einen Hubraum von 1,5 Liter. Dazu war kenntlich, dass der Wagen laut Herstellerangabe 30 PS leistete.

Nach dem Kraftfahrzeug-Steuergesetz vom 1. April 1928 wurden dann Automobile über den Hubraum des Motors nach folgender Formel versteuert:

- **Steuer-Hubraum = 0,00078 x Zylinderzahl x Bohrung im Quadrat x Kolbenhub.**

Wie genau sich automobilinteressierte Zeitgenossen durch die Angabe mit Steuer-PS die Größe oder Klasse eines Autos vorstellen konnten, zeigte die Tatsache, dass – selbst nach der neuen Steuerregelung – auch nach 1928 im Sprachgebrauch die Angabe der Steuer-PS noch weit bis in die dreißiger Jahre beibehalten wurde.

Mit den Autobahnen entstand eine komplette neue Infrastruktur, hier eine moderne Autobahn-Tankstelle mit perfektem Services.
(Oben 1827/67, links 1931/196)

An der „Tanke" – die Versorgung mit Kraftstoff

Anfangs war es für den Automobilist nicht einfach, an den für sein Gefährt notwendigen Betriebsstoff zu gelangen – wie es auch die legendäre Überlandfahrt der Berta Benz mit ihren Söhnen Eugen und Richard von Mannheim nach Pforzheim im Jahr 1888 deutlich machte: Unterwegs besorgte sie sich mit Mühe den – heute noch als Reinigungsbenzin bekannten Betriebsstoff Ligroin – in der Stadt-Apotheke in Wiesloch bei Heidelberg. Aus diesem Grund gilt diese Apotheke als die erste Tankstelle der Welt. Es war sicher mit Überredungskunst verbunden, vom verunsicherten und misstrauischen Apotheker die entsprechend große Menge des Betriebsstoffes zu erhalten.

Autofahrer der ersten Jahre schlossen sich deshalb in Clubs zusammen, um die Versorgung der Motorwagen mit Sprit besser organisieren zu können. Bald entstanden aber auch erste, von Mineralölproduzenten organisierte Einrichtungen. Bereits um 1900 konnte der Automobilist in Deutschland den Sprit für seinen Motorwagen an rund 1.800

Was kostet der? Auf dem Land war ein Auto auch in den dreißiger Jahren noch eine Seltenheit (1931/3).

„Benzinstationen" erwerben. Abgegeben wurde das Benzin dort in Fässern, aber auch in explosionssicheren 5- und 10-Liter-Kanistern. Die erste deutsche Straßentankstelle mit Zapfsäule wurde am 14. April 1923 von der Deutsch-Amerikanischen Petroleum Gesellschaft (DAPG) an der Wagnerstraße in Hamburg eröffnet. 1925 gab es bereits ein Netz von rund 1.000 Straßentankstellen. Ausgegeben wurde die Spritmenge zunächst nicht in Litern, sondern in Kilogramm – für 31 Pfennige. Im November 1926 – nach Umstellung der Berechnung in Liter – kostete der Liter 33 Pfennige, 1928 bereits 35 Pfennige und 37 Pfennige im Jahr 1932. In der Folge lag der Benzinpreis bei etwa 40 Pfennigen pro Liter. Das Tankstellennetz zählte 1930 bereits rund 45.000 Zapfsäulen. Laut Statistik kam auf 12,2 Autos eine Tankstelle! 1931 waren es schon 50.000 Tankstellen. Tankstellen zu betreiben war ein lukratives Gewerbe und Tankwart ein aufstrebender, von vielen jungen Männern angestrebter Beruf, der u.a. auch durch den am 15. September 1930 im Gloria-Palast in Berlin uraufgeführten Universum-Spielfilm „Die Drei von der Tankstelle" populär geworden ist. 1955, während des stetig zunehmenden Individualverkehrs, war das Thema wieder aktuell und es gab eine Neuverfilmung mit demselben Titel.

Zapfsäulen fand der Autofahrer bald überall: An Chausseen, in Städten auf Bürgersteigen, vor Fahrradgeschäften und in Werkstätten. Auf dem Land vor Schmieden, Gaststätten oder Hotels. Dazu gab es – neben Wasser für den kochenden Kühler und anderen Artikeln rund um das Automobil – natürlich auch das für den Wagen lebensnotwendige Motorenöl. Konstruktionsbedingt hatten die Motoren damals noch einen gesunden „Öldurst"! Gegen Ende der zwanziger Jahre entstanden in größeren Städten die ersten überdachten Großtankstellen. Um 1930 nahmen Tankstellen anscheinend sogar überhand, denn das Reichswirtschaftsministerium erließ am 27. April 1934 ein Gesetz, welches *„das uferlose Ausdehnen des Tankstellennetzes"* beenden sollte.

Inzwischen hatte die NS-Zeit begonnen und der Bau der Reichsautobahn wurde vorangetrieben. An den bis Juni 1939 fertiggestellten 3.065 Kilometern gab es 88 Tankstellen, die meist in Verbindung mit Rasthöfen und Rasthäusern errichtet worden waren. Im Sommer 1939 kostete der Liter Benzin in Deutschland einheitlich 40 Pfennige, aber der Ausbruch des Zweiten Weltkriegs beendete diese Entwicklung durch die drastische Spritrationierung. Zum Einsatz kamen in den folgenden Jahren Ersatzkraftstoffe und schließlich Holzvergaseranlagen (nach von Seherr-Thoss, H. C. „Die deutsche Automobilindustrie – eine Dokumentation von 1886 bis heute", Deutsche Verlags-Anstalt, Stuttgart 1974 und O. von Fersen Hrsg., „Ein Jahrhundert Automobiltechnik – Personenwagen", VDI-Verlag GmbH, Düsseldorf 1986).

Was kostete um 1932 ein Pkw?

Kleinwagen

DKW 500 F1 Front	ca. 2.000 RM (Reichsmark)
Opel 1,2 Liter	ca. 2.300 RM
BMW 3/15 PS	ca. 2.800 RM
Brennabor 1 Liter Typ C	ca. 2.200 RM

... und was kostete ein Mittelklasse-Pkw (Limousine)

Adler Trumpf	ca. 3.550 RM
Mercedes Benz 170	ca. 4.400 RM
Opel 1,8 Liter	ca. 2.950 RM
Wanderer W10	ca. 4.560 RM

... und was kosteten die teuersten deutschen Pkw (ca. 1936 bis 1939)

Mercedes Benz Typ 770 Cabriolet B	47.500 RM
Maybach Zeppelin Transformations Cabriolet	38.500 RM
Mercedes 540 K Spezial Roadster	28.000 RM
Horch 855 Sport Roadster	22.000 RM

Zum Vergleich: Ein Opel P4 kostete 1.450 Reichsmark

Steuerbefreiungen für Pkw ab April 1933/Versicherung

Am 10. April 1933 wurde von der nationalsozialistischen Regierung die Steuerbefreiung für fabrikneue Pkw angeordnet. Am 31. Mai 1933 folgten Steuererleichterungen für ältere Kraftfahrzeuge, die nun mit einer Einmalzahlung auf Lebenszeit von der Steuer befreit werden konnten. Solche Maßnahmen sollten die Autokonjunktur ankurbeln.

Hier die Kosten der Haftpflichtversicherung in Deutschland für ein Auto vor dem Krieg. Als Beispiel dient ein Auto der oberen Mittelklasse mit ca. 60 PS:

1928	kostete die Haftpflichtversicherung	ca. 350 RM
1936	kostete die Haftpflichtversicherung	ca. 190 RM
1939	kostete die Haftpflichtversicherung	ca. 180 RM

Führerscheininhaber/Neuausgaben in Deutschland

1919 = 23.592, **1920** = 26.924, **1921** = 46.194, **1922** = 52.668, **1923** = 50.484, **1924** = 121.431, **1925** = 202.534, **1929** = 386.000, **1930** = 343.500, **1931** = 266.000, **1932** = 204.000, **1933** = 228.500, **1934** = 445.100, **1935** = 454.627, **1936** = 494.163, **1937** = 503.492, **1938** = 513.062

Nach von Seherr-Thoss, H. C.: Die deutsche Automobilindustrie – eine Dokumentation von 1886 bis heute, Deutsche Verlags-Anstalt, Stuttgart 1974.

Löhne und Gehälter in den 20er und 30er Jahren

Monatsverdienste:

Handwerksgeselle	etwa 60 bis 100 RM
Facharbeiter in der Autoindustrie	etwa 100 bis 150 RM
Meister oder höherer Angestellter	etwa 200 bis 300 RM
Ingenieur in der Autoindustrie	etwa 300 bis 400 RM

Nach dem Ende der Inflation blieben die Verdienste – kleinere Schwankungen ausgenommen – zwischen 1924 und 1939 auf demselben Niveau. Und so war das z.B. im Jahr 1931 mit Arbeit, Freizeit, Urlaub und Arbeitslosigkeit bei Arbeitern und Angestellten in der Autoindustrie: Üblich war eine Wochenarbeitszeit von 48 Stunden, der Samstag war Regelarbeitstag. Laut Betriebsordnung waren die Arbeiter, nach entsprechender Vorankündigung durch den Arbeitgeber, zu Über-, Nacht-, Sonn- und Feiertagsarbeit verpflichtet. Arbeitern und Angestellten standen jährlich zehn Urlaubstage zu. Andererseits war es den Arbeitgebern gestattet, bei besonderen Ereignissen wie Betriebsstörungen, Materialmangel, Fehlen von Betriebsmitteln und Aufträgen, die Fertigung stillzulegen und die Arbeiterschaft nach Hause zu schicken. Arbeitslose mussten dann – formuliert nach damaligem Sprachgebrauch – „Stempeln gehen".

Arbeiter gehörten sicher nicht zu den Großverdienern. Wichtig war jedoch, Arbeit zu haben! (307/30).

Sparen für einen KdF-Wagen oder „Volkswagen"

Statistiken zeigten, dass Deutschland zu Beginn der dreißiger Jahre auf dem Gebiet der Motorisierung im internationalen Vergleich noch deutlich zurück lag. Ab 1934 setzten es sich die Nationalsozialisten zum Ziel, die Volksmotorisierung mit einem von Prof. Ferdinand Porsche konstruierten „Volkswagen" durchzuführen. 1937 beauftragte Hitler die Deutsche Arbeitsfront mit dem Bau des Volkswagenwerks und der „Stadt des KdF-Wagens" – am 25. Mai 1945 auf Drängen der britischen Besatzungsmacht in „Wolfsburg" umbenannt – als Unternehmenssitz und Wohnort für die Mitarbeiter. Die Grundsteinlegung für das Werk erfolgte im Mai 1938. Verkaufsbeginn für das von Hitler auf den Namen „Kraft durch Freude-Wagen" (KdF-Wagen) getauften Automobils begann am 1. August 1938.

Aber selbst bei einem Preis von 990 Reichsmark war es für die Mehrzahl der Deutschen fast unmöglich, einen KdF-Wagen zu kaufen. Deshalb riefen die Machthaber eine Sparaktion ins Leben die es schließlich jedem Deutschen ermöglichen sollte, den Wagen zu erwerben. Neben entsprechend propagandistischer „Berieselung" durch Presse und Rundfunk sowie durch zahlreiche, großzügig verteilte Werbeschriften versuchten die Verantwortlichen, die Menschen in Deutschland zum Sparen für einen KdF-Wagen zu ermuntern. Um irgendwann stolzer Besitzer eines „Volkswagens" zu werden, konnten Interessenten ab August 1937 monatlich mindestens fünf Reichsmark auf eine Sparkarte einzahlen. Aber keiner der rund 340.000 Sparer sollte jemals seinen KdF-Wagen erhalten, denn ihr eingezahltes Geld kam in erster Linie der Kriegsproduktion zugute: Mit dem Geld der Einzahler wurden nicht Kdf-Wagen, sondern hauptsächlich Kübelwagen für die Wehrmacht gefertigt. Und wenige Jahre später lief der luftgekühlte Heckmotor des VW problemlos im kalten Russland und im heißen Afrika. Der Lärm des Motors im Heck auf der Antriebsachse und der fehlende Kofferraum spielten beim Militär keine Rolle. Erst lange nach dem Krieg erhielten die Sparer – entsprechend ihrer Einlage – beim Kauf eines VW-„Käfer" einen Nachlass oder erhielten eine Abfindung.

Die Hohenzollernbrücke in Köln in den frühen dreißiger Jahren mit einer Straßenbahn der Linie 2. 1945 zerstört, fand hier beim Wiederaufbau die Straßenverkehr keine Berücksichtigung mehr und die Brücke wurde nur noch für den Eisenbahnbetrieb eingerichtet. Lediglich auf der Südseite befindet sich ein außen angebrachter Fußgängersteg. Viele Jahre lang lagen auf der Deutzer Seite an der Rampe zur Hohenzollernbrücke noch Gleise der Straßenbahn, die, überteert, noch heute zu erkennen sind (58a/869).

Heute nicht wieder zu erkennen ist die Große Eschenheimer Straße in Frankfurt am Main mit ihrer herrlich-vielfältigen Infrastruktur. Nur wenige Jahre nach dieser Aufnahme wurde sie, wie viele andere Bereiche der Stadt, im Zweiten Weltkrieg zerstört. Erhalten blieben bis heute lediglich das Eschenheimer Tor, aber auch einige der hier zu sehenden, wiederaufgebauten Geschäfte (2259/193).

Automobilbestände um 1920 in

USA	9.231.950
England	420.000
Frankreich	202.500
Deutschland	75.000

Einwohner pro Kraftwagen der einzelnen Länder:

	USA	**Frankreich**	**England**	**Deutschland**
1914	72	396	184	1.133
1922	10	176	91	666
1927	6	44	45	197
1932	5	28	29	100

Kfz-Dichte in Deutschland von 1907 bis 1938

sowie Einwohner pro Kraftfahrzeug (Pkw und Lkw):

1907	2.300	**1929**	111
1910	1.300	**1931**	94
1913	870	**1932**	100
1921	510	**1933**	96
1922	380	**1934**	75
1925	244	**1935**	63
1926	211	**1936**	54
1927	171	**1937**	47
1928	134	**1938**	44

Nach von Seherr-Thoss, H. C.: Die deutsche Automobilindustrie – eine Dokumentation von 1886 bis heute, Deutsche Verlags-Anstalt, Stuttgart 1974.

Mehr und mehr bestimmten Kfz das Straßenbild.

Ganz links: Alltag in Frankfurt (M), hier mit zwei Opel-Pkw vor der Alten Oper, die heute – nach Zerstörung 1944 und Wiederaufbau – als Konzert- und Veranstaltungshaus genutzt wird (1719/207).

Links: Nicht viel Platz haben Pkw in der alten Staufer- und Reichsstadt Bad Wimpfen im Landkreis Heilbronn, hinten die Evangelische Stadtkirche (786/26).

Auch an innerstädtischen Bahnübergängen gab es durch die Motorisierung zunehmend lange Staus von Straßenfahrzeugen. Während der Vorbeifahrt der Lok 56 2467 (preußische G 8^2) wartet ein Pkw mit dem Kennzeichen „VS“, das auf die hessische Provinz Starkenburg hinweist (836/23).

Blickfang auf der Automobil- und Motorrad-Ausstellung (AMA) in Berlin 1935 – und hier auf einer Fahrt durch den Schwarzwald: Der traumhaft schöne Audi Front Spezial Roadster, von dem nur zwei gebaut wurden. Das Kennzeichen V weist auf den Herstellungsort Zwickau hin. (links 1270/32, oben 1270/4)

Das Straßennetz in Deutschland

Nach einem Bericht des 6. Internationalen Straßen-Kongresses in Washington (USA) hatte das Deutsche Reich im Jahr 1930 folgendes Straßennetz aufzuweisen:

Reichsstraßen	28.000 km
Provinzialstraßen	34.000 km
Kreisstraßen	118.000 km
Gemeindestraßen	40.000 km

Bauentwicklung der Reichsautobahnen 1935 bis 1940

1935	112 km
1936	1.086 km
1937	2.026 km
1938	3.065 km
1939	3.303 km
1940	3.746 km

Die ersten dem Verkehr übergebenen Teilstücke der Reichsautobahn:

19. 05. 1935	**Frankfurt (Main) – Darmstadt**	Streckenlänge 29 km
29. 06. 1935	**München – Holzkirchen**	Streckenlänge 10,2 km
03. 10. 1935	**Darmstadt – Mannheim – Heidelberg**	Streckenlänge 85 km

Dem „Neuen" aufgeschlossener scheint die Bäuerin (links) zu sein, während er sich eher zurückhaltend gibt. Trotz der umfangreichen Werbemaßnahmen mit dem technisch hochmodernen Fahrzeug kam die geplante Kleinserie nicht zustande (links 1270/28, oben 1271/20, rechts 1270/52).

Die alten deutschen Automobilkennzeichen

Den Menschen von heute geben die bis 1945 gebräuchlichen Automobilkennzeichen Rätsel auf. Hier aufgelistet ist die Bedeutung der Zahlen- und Buchstabenkombinationen der einzelnen Nummernschilder – Stand Ende der dreißiger Jahre:

Für Preußen standen die römische Ziffer I und die Buchstaben A bis Z für die einzelnen Provinzen:

IA	Landesbezirk Berlin
IB	Posen-Westpreußen
IC	Provinz Ostpreußen
ID	Provinz Westpreußen
IE	Provinz Brandenburg
IH	Provinz Pommern
IK	Provinz Schlesien
IL	Sigmaringen
IM	Provinz Sachsen
IP	Provinz Schleswig-Holstein
IS	Provinz Hannover
IT	Provinz Hessen-Nassau
IX	Provinz Westfalen
IY	Regierungsbezirk Düsseldorf
IZ	Rheinprovinz

Für Bayern standen die römische Ziffer II und die Buchstaben A bis Z für die einzelnen Bezirke:

IIA	Stadtbezirk München
IIB	Oberbayern
IIC	Niederbayern
IID	Pfalz
IIE	Oberpfalz und Regensburg
IIH	Oberfranken
IIN	Stadtbezirk Nürnberg-Fürth
IIS	Mittelfranken
IIU	Unterfranken und Aschaffenburg (Mainfranken)
IIZ	Schwaben und Neuburg
IIM	Kraftfahrzeuge der Militärverwaltung
IIP	Kraftfahrzeuge der Postverwaltung bis 1922

Für den „Freistaat" Sachsen standen die römischen Ziffern I bis V:

I	„Kreishauptmannschaft" Bautzen
II	„Kreishauptmannschaft" Dresden
III	„Kreishauptmannschaft" Leipzig
IV	„Kreishauptmannschaft" Chemnitz
V	„Kreishauptmannschaft" Zwickau

Für Württemberg standen die römische Ziffer III und die Buchstaben A bis Z für die Kreise:

IIIA	Stuttgart
IIIC	Neckarkreis – Backnang, Böblingen, Esslingen
IIID	Neckarkreis – Leonberg, Ludwigsburg, Stadt Heilbronn
IIIE	Neckarkreis – Kreis Heilbronn, Vaihingen (Enz), Waiblingen
IIIH	Schwarzwaldkreis – Balingen, Calw, Freudenstadt, Horb
IIIK	Schwarzwaldkreis – Nürtingen, Reutlingen
IIIM	Schwarzwaldkreis – Rottweil, Tübingen, Tuttlingen
IIIP	Jagstkreis – Aalen, Crailsheim
IIIS	Jagstkreis – Schwäbisch Gmünd, Schwäbisch Hall, Heidenheim, Künzelsau
IIIT	Jagstkreis – Bad Mergentheim, Öhringen
IIIX	Donaukreis – Biberach, Ehingen, Göppingen, Ulm
IIIY	Donaukreis – Münsingen, Ravensburg
IIIZ	Donaukreis – Saulgau, Friedrichshafen, Wangen, Stadt Ulm
IIIWP	Kraftfahrzeuge der Postverwaltung (bis 1922)

Für Hessen standen die römische Ziffer V und die Buchstaben H bis S für die Provinzen:

VH	Hessen (ab 1937)
VO	Provinz Oberhessen (bis 1937)
VR	Provinz Rheinhessen (bis 1937)
VS	Provinz Starkenburg (bis 1937)

Für Mecklenburg standen der Buchstabe M und die römischen Ziffern I und II für die Bezirke:

M	Mecklenburg (ab 1937)
MI	Mecklenburg-Schwerin (bis 1937)
MII	Mecklenburg-Strelitz (bis 1937)

Für Oldenburg standen der Buchstabe O und die römischen Ziffern I, II und III für die Landesteile:

OI	Landesteil Oldenburg
OII	Landesteil Lübeck
OIII	Landesteil Birkenfeld

Die anderen Regionen:

A	Anhalt	**S**	Sudetengebiet
B	Braunschweig	**Saar**	Saarland
IVB	Baden	**SL**	Schaumburg-Lippe
HH	Hamburg	**Th**	Thüringen
HB	Bremen	**W**	Waldeck
L	Lippe		

Behörden, Militär und öffentliche Dienste:

RW	Reichswehr (bis 1935)
WH	Wehrmacht-Heer (ab 1935)
WL	Wehrmacht-Luftwaffe (ab 1935)
WM	Wehrmacht-Marine (ab1935)
SS	SS-Verfügungstruppen und Waffen-SS (ab 1937)
Pol	Polizei, Feuerwehr (Feuerlöschpolizei) und Technische Nothilfe (ab 1937)
DR	Deutsche Reichsbahn
RP	Deutsche Reichspost

Hier als Beispiele einige deutsche Autokennzeichen: Links IIA vom Stadtbezirk München (1103/78), in der Mitte IA vom Landesbezirk Berlin (1200/114) und rechts IT von Hessen-Nassau (193/56).

Links oder rechts fahren?!

Es war anscheinend bereits seit Napoleon Bonapartes (1769-1821) Zeiten auch in Deutschland üblich, auf der rechten Straßenseite zu fahren. Aber selbst in der Straßenverkehrsordnung (StVO) von 1910 hat man dieses Verkehrsverhalten noch nicht genau und bindend festgeschrieben. Infolge der etwas „schwammigen" Formulierung fuhr sicher so manches Pferdefuhrwerk und mancher Automobilist aus frühen Tagen konsequent auf der linken Straßenseite. Aus der Sicht eines Kutschers war dies vielleicht nur der „äußerste rechte Straßenrand". Genauer wurde es in der Straßenverkehrsordnung von 1923/24 geregelt und schließlich in der StVO von 1932 (§ 21) endlich unmissverständlich formuliert: *Der Führer hat mit seinem Kraftfahrzeuge, soweit nicht besondere Umstände entgegenstehen, die rechte Seite des Weges einzuhalten (...).*
Übrigens wurde in Österreich bis 1938 links gefahren. Erst mit dem „Anschluss" an das Deutsche Reich erhielt die „Ostmark" das Rechtsfahrgebot.

Liste früherer deutscher Automarken

In Deutschland gab es – nach dem Erscheinen des Benz-Stahlradwagens und der Daimler Motorkutsche im Jahr 1886 – bis heute über 500 Pkw-Hersteller. Von diesen haben BMW, Audi, Mercedes-Benz, Maybach, Volkswagen, Wiesmann, Porsche und Opel die Zeitläufe überstanden. Von denen, die es nicht geschafft haben sind hier in alphabetischer Reihenfolge die Namen aufgeführt. Die Liste erhebt keinen Anspruch auf Vollständigkeit. Die Zeit hat zu viele Spuren verweht und sehr oft sind Angaben falsch überliefert. Deshalb kann auch keine Gewähr auf richtige Schreibweise der Markennamen gegeben werden. Zudem waren einige Hersteller oft nur kurzlebig oder versuchten unter anderen Bezeichnungen ein neues Glück. Allerdings entspringen die Namen nicht der Phantasie: Alle hier genannten Firmen wurden in Berichten, Büchern und auch in amtlichen Dokumenten als Autohersteller geführt, auch wenn es bei manchen gerade mal zu einem Versuchswagen reichte! Zusammen mit der Fertigung und dem Vertrieb ausländischer Autofabrikate in Deutschland ergibt dies eine verwirrende Vielfalt von Markennamen, die selbst Fachleuten nicht mehr alle geläufig sind:

A

Aktiengesellschaft für Akkumulatoren und Automobilbau (A.A.A.), Aachener, A.A.G., Adler, AEG, Äskulap, AFM, AGA, Alan, Albrecht, Alfi, Alliance, Allreit/Allright, Alpina, Altmann, Altona, AMG-Mercedes, Amor, Amphicar, Amphi-Ranger, Ansbach, Apollo, Ardie, Arena, Argus, Arimofa, Äskulap, Atlantic, ATS, Augusta, Autognom, Autonoma, Auto Union, Autowelo (EMW), AVA, AWE, AWS/Berlin und AWS/Salzgitter.

B

Badenia, Baer, Bafag, Bancroft, Bastert, Bauer-Schulz, BAW, Beaufort, Beckmann, BEF, Behr, Benz, Benz Söhne, Bergmann, Bergmann Gaggenau, Bergmann-Metallurgique, Bergo, B.F./Bolle & Fiedler, Bieber Buggy, Bistram, Bitter, Bleichert, Blitz, BMF, Bob, Boes, Böhler, Borgward, Brabus, Brand-Autognom, Braun-Faun, Bravo, Brennabor (GDA), Brütsch, Bufag, Bully, Burgfalke, Butz und BZ.

C

CAM, Certus, Central, Champion, Chemnitzer Motor Fabrik, Cito, Club, Clou/Cloumobil, Cockmobil, Colani, Colibri, Combi, Conte Schwimmwagen, Corona, Coswiga (Nacke), Corner, Cudell und Cyklon.

D

Daimler, DAK, Dux (DAK), Dannenhauer+Stauss, Dehn, Deka, Dornier/Delta, Dellbrücker/Fox, Delta, DELTA/DETRA, „Der Dessauer", Dessavia, Deutschland/Stoltz, Deutz, DEW, Diabolo, Diamant, Diana, Dick, Dina-Mobil, Dinos, Dixi, DKW (Auto Union), Dringos, Dürkopp, Dux und D-Wagen.

E

EBS, E. & R., Econom, Teddy, Ego, Merkur, Ehrhardt/Szawe, Eibach, Einrad, Ekamobil, Electra, Electric/AAA, Elisar, Elite, Elite Diamant, Elitewagen, Enzinger, EMW, EOS, Erco-EOS, Erdmann, Ernst, Espenlaub, Eubu, Eulitz, E-Wagen, Everling, Excelsior, Exor und Express.

F

Fadag, Fafag, Fafnir, Falcon, Falke, Faun, Favorit, Favorith-Kroboth, FEG/Erdmann, Feldmann/Nixe, Fend, Ferbedo, Fiberfab, Fiedler, Fischer, FMR, Fort, Foth, Framo, Freia, Fuldamobil, Fulgura/Bergmann, Fulmina und FWD.

G

Gaggenau/Bergmann, Garbaty, Gasi, Gaubschat, GDA, Geha, Glas, Gnom, Görke, Göricke, Goggomobil, Goliath, Gomolzig, Gotha Kleinautobau, Gottschalk/BMF, Grade, Gridi und Gutbrod.

H

Habag, HAG (HAG-Hassia, HAG-Badenia), Hagea, Hagen Gottfried (Urbanus), Hagen Rudolf (Orion), Hanomag. Hansa (GDA), Hansa-Lloyd (GDA), Harwald, Hascho, Hataz, HAWA (GDA), Heilbronner Fahrzeug Fabrik, Heim, Heinkel, Helios, Helo, Henschel, Hercules, Hermes-Simplex, Hering, Herzog, Hessen, Hexe, Hildebrand, Hille, Hiller, Hischner, Hischi, Hoffmann, Hofmann Kabine, Hoppe&Krooss, Horch (Auto Union), Hotzenblitz, H.T., Hurst, Hüttis & Hardebeck und Hydromobil.

I

IFA, Ilse, Imperator, Imperia, Induhag, Ipe, Irmscher und Isdera.

J

Jaray, Jetcar, Joswin, Juhö und Juwel.

K

Kaha, Kaid, Kaiser, Kämper, Kamm, K-Wagen, Karmann, Kauz/Ansbach, KAW-Hagen, Kayser, Keitel, Kellner, Kempten (Süd Deutsche Fahrzeugfabrik), Kenter, Kersting, Kieling, Kleinauto AG/Freia, Kleinschnittger, Klingenberg, Klunzinger, Knipperdolling, Knöller, Kobold, Koco, Kodiak, Kolbe, Komet, Komnick, Kondor, Körting, Kraftfahrzeugwerke, Krause, Krieger, Kroboth, Kruse, Krüger, Kühlstein und Kühn.

L

Landgrebe, Lauer, Leichtauto, Leifa, Lesshaft, Ley/Loreley, Libelle, Liliput, Lindcar, Lipsia, Lloyd, Loeb/LUC/Dinos, Loutzky, Lüders, Lutzmann, Luwo, Lux und LWD.

M

Macu, MAF, Magdeburger, Magnet, Maico, Maja, Manderbach, Mannesmann, Mars, Martinette, Maurer, Maurer-Union, Maser, Mauser/Winkler, Maxwerke, Marette, Mayer, Mayr, Mercur-Ego, Meridan, Messerschmitt, Meyra, MFB, Miele, Mikromobil, Minimus, MMB, Möckwagen, Mölkamp, Moll/Mollmobil, Mono, Monopol (Holbein), Monopol (Polenzky), Monos, Motobil, Mops, Morgan Auto AG, Motoflitz, Muvo und MW (Wegmann).

N

Nacke, Nafa, NAG (GDA), NAG-Protos, Naig, Namag, Nawa/Nowa, Neander, Neimann, Nemalette, Nembo, Nenndorf, Neumann-Neander, Jos. Neuss, Nizza, Nöldechen, Noris, Nowa, NSU, NSU-Fiat (Neckar Fiat), Nufmobil, Nug, Nürnberger Kleinauto AG und NW.

O

Oda, Oettinger/Okrasa, Omega, Omikron, Omnimobil, Onnasch, Orient-Express, Oryx, Ostermann und Ott.

P

PAG/Priamus, Pan, Panche, Passat, Pawi, Peer Gynt, Pe-Ka, Pelikan, Peter & Moritz, Pfeil, Phänomen, Phänomobi, Piccolo, Pilot, Pinguin, Placet, Pluto, Podeus, Pöhlmann, Polymobil/Dux, Polyphon/Dux, Premier, Presto (DAK), Primis, Protek und Protos.

R
Rabemobil, Rabag, RAF-Champion, RMA/Amphi-Ranger, Reißig/MUK-Wagen, Record, Remag, Renfert, Rex-Simplex, Rhenag, Rhemag, Rial, Rikas, Rivo, Röhr Auto AG (Neue Röhr Werke AG), Rohrbach, Roland, Rollfix, Rometsch, Rumpler, Ruppe & Sohn, Rüttger, RVB und RWN.

S
Sablatnig (Beuchelt & Co.), SB (Slaby-Beringer), Sachsenring, Sächsisches Akkumulatoren Werk., Sächsische Waggonfabrik Werdau, SAF, Salut, Sauer, Schaller, Scampolo, Schebera, Scheele, Scheibler, Schilling, Schönnagel, Schuckert, Schulz, Schuricht, Schütte-Lanz, Seeger, Seidel-Arop, Sekurus, Selve, SGS, S.H.W., Siegel, Sieglitz, Siemens-Halske, Siemens-Schuckert, Simson/Simson Supra, Slevogt, Solidor, Solomobil, Spatz/BAG/ Victoria, Sperber, Sphinx, Spinell, Staiger, Standard/Berlin, Standard/Ludwigsburg, Staunau, Steiger, Steudel, Stella/Roland, Strudel, Stietencron-Schwenke, Still, Stock, Stoewer, Stolle, Sun, SUN, Superior und Szawe.

T
Talbot, Tamag, Tamm, Taunus, Teco, Tempelhof/BMF, Tempo, Theis, Thiele, Thüringer Motor.Wagen. Fabrik., Thurner, Tippmann, Toj, Tornax, Torpedo, Tourist, Trabant, Traeger, Treser, Treskow, Trinks, Triomobil, Trionette, Trippel, Triro, Turbo und Typ.

U
Ultramobile, Union, Maurer-Union, Unicar, Urbanus/Hagen, Utermobil und Utilitas.

V
Valzer, VB, VCS, Velomobil, Veritas, Veritas Dyna, Vesuv, Victoria-Werke, Vidal & Sohn/Tempo, V.L., Vogtland, Volkhart, Vomag/Dux (DAK), Voran, Vulkan und VW-Porsche.

W
Wagner, Walmobil, Wanderer (Auto Union), Wartburg (Eisenach), Wegmann, Weidner/Condor, Weise, Weiss (Weiss-Herald), Wendax, Wenkelmobil, Werdau, Wesnigk, Westfalia, Windhoff, Winkler, Witte, Wittekind und Wolf/Kleiner Wolf.

Y
York.

Z
Zahn/HZ, Zakspeed, Zegema, Zender, Zentralmobil, Zetgelette, Zimmermann/Biene, Zündapp und Zwickau (VEB).

Für Informationen zu weiteren Automobilbauern in Deutschland ist der Autor dankbar. Alleine das präzise Aufarbeiten und genaue Dokumentieren all dieser nicht mehr existenten Automarken wäre eine Lebensaufgabe bzw. ein Thema für ein umfassendes Buch. Wer auch immer diese Aufgabe in die Hand nehmen möchte – diese Liste ist vielleicht eine Anregung für einen „mutigen Forscher". Die Liste wurde nach einer Vorlage des GTÜ und nach den Publikationen des Automobilhistorikers Ulrich Kubisch zusammengestellt. Ergänzungen erfolgten durch Werner Schollenberger (AHG) unter Verwendung des Buches The World's Automobiles 1862-1962, G. R. Doyle, Temple Press Books, London 1962.

Ausflug an den Rhein mit einem neuen Horch 830 Cabriolet. Sein Kennzeichen weist auf den Ort hin, wo er hergestellt wurde: „V" = Kreishauptmannschaft Zwickau (1267/119).

In den dreißiger Jahren war das Auto in vielen Bereichen zur Selbstverständlichkeit geworden. Wer es sich leisten konnte, fuhr mit ihm – ob im Winter oder im Sommer – in die noch sehr knapp bemessenen Ferien. Besonders beliebte Reiseziele waren, unter vielen anderen, der Schwarzwald, Allgäu/Oberbayern, die Sächsische Schweiz, das Riesengebirge oder die noch von der Kieler Bucht bis nach Ostpreußen reichende deutschen Ostseeküste. Der Zweite Weltkrieg setzte dieser Entwicklung jedoch ein schroffes Ende, und erst – schrittweise – ab Mitte/Ende der fünfziger Jahre konnten die Menschen in Deutschland wieder an Ferienreisen oder gar an einen eigenen Pkw denken (links 1868/3, oben 1587/511).

Blick aus einem Zimmer des Hotel Sonne in Offenburg im Sommer 1935. Von hier aus unternahmen Dr. Paul Wolff und Alfred Tritschler eine Fototour in den nahegelegenen Schwarzwald – soeben wird in den DKW-Cabriolets mit den badischen Kennzeichen IVB das Reisegepäck verstaut. Die beiden Bauersfrauen befinden sich mit ihren alten Scheesen auf dem Weg zum Offenburger Markt (1474/138).

Folgende Literatur wurde für dieses Buch verwendet:

Nachschlagewerke und Kataloge

- Braunbeck, O. (Hrsg.): Braunbeck's Sportlexikon, Neudruck der Ausgabe 1910, Berlin 1994. (Druckhaus Berlin-Mitte)
- Linz, H.; Schrader, H.: Die große Automobil Enzyklopädie, München 1985. (BLV Verlagsgesellschaft)
- Meurer, A. (Hrsg.): 2000 Kilometer durch Deutschland, Frankfurt a. M. 1933. (H. Bechthold Verlagsbuchhandlung)
- Meurer, A.: Offizielles Programm – 2000 Kilometer durch Deutschland, Berlin 1934.
- Neubauer, O. (Hrsg.): Die Chronik des Automobils, München/Gütersloh 1994. (Chronik Verlag im Bertelsmann Lexikon Verlag)
- o. V.: Handbuch des RDA - Typentafeln für Personenwagen, Berlin 1927. (Dr. Ernst Valentin Verlag)
- o. V.: Autotypenbuch – Typentafeln des RDA, Berlin 1930. (Dr. Ernst Valentin Verlag)
- o. V.: Autotypenbuch – Typentafeln des RDA, Berlin 1933. (Dr. Ernst Valentin Verlag)
- o. V.: Autotypenbuch – Typentafeln der deutschen Kraftfahrzeugindustrie, Berlin 1936. (Union Deutsche Verlagsgesellschaft)
- o. V.: Autotypenbuch – Typentafeln der deutschen Kraftfahrzeugindustrie, Berlin 1938. (Union Deutsche Verlagsgesellschaft)
- o. V.: Schluß-Bericht der 2000 Kilometer durch Deutschland 1934, Berlin 1934. (Oberste Nationale Sportbehörde)
- Overesch, M.; Saal, F. W. (1969): Die Weimarer Republik, Düsseldorf 1982. (Droste Verlag GmbH)
- Oswald. W.: Die Deutschen Autos 1920 – 1945, 3. Auflage, Stuttgart 1979. (Motorbuch Verlag)
- Oswald. W.: Die Deutschen Autos 1945 – 1975, 5. Auflage, Stuttgart 1980. (Motorbuch Verlag)
- Ploetz – Hauptdaten der Weltgeschichte, 31., ergänzte Auflage, Würzburg 1972. (Verlag Ploetz KG)
- Roediger, W.: Hundert Jahre Automobil, Leipzig 1986. (Urania Verlag Leipzig – Jena – Berlin)
- von Fersen, O. (Hrsg.): Ein Jahrhundert Automobiltechnik – Personenwagen, Düsseldorf 1986. (VDI-Verlag GmbH)
- von Seherr-Thoss, H. C.: Die deutsche Automobilindustrie – Eine Dokumentation von 1886 bis heute, Stuttgart 1974. (Deutsche Verlags-Anstalt)
- Schrader, H.: Oldtimer Lexikon, München 1981. (BLV Verlagsgesellschaft)

Monographien

- Bierbaum, O. J.: Eine empfindsame Reise im Automobil, München 1979. (Georg Müller Verlags GmbH)
- von Brunn, J. H.: Ein Mann macht Autogeschichte, Stuttgart 1972. (Motorbuch Verlag)
- Etzold, H. R.: Der Käfer eine Dokumentation II, 2. Auflage, Zug/Schweiz 1985. (Verl. Alfred Bucheli)
- Hauser, H.: Am laufenden Band, Frankfurt am Main 1936. (Verlag Hauserpresse)
- Hauser, H.: Im Kraftfeld von Rüsselsheim, München 1940. (Verlag Knorr und Hirth)
- Kieselbach, R.J.F.: Karosserien nach Maß – Erhard Wendler 1923 bis 1963, Kohlhammer Edition Auto & Verkehr, Stuttgart 1982. (Verlag W. Kohlhammer GmbH)
- Kieselbach, R.J.F.: Stromlinienautos in Deutschland, Kohlhammer Edition Auto & Verkehr, Stuttgart 1982. (Verlag W. Kohlhammer GmbH)
- Kieselbach, R.J.F.: Technik der Eleganz – Eine Geschichte des Automobildesigns in Deutschland bis 1965 am Beispiel der Auto Union und ihrer Vorgängerfirmen, Berlin 1999. (Nicolaische Verlagsbuchhandlung Beuermann GmbH)
- Kirchberg, P. (Hrsg.): Bernd Rosemeyer – Die Schicksalsfahrt, Bielefeld 2008. (Delius Klasing Verlag)
- Kruk, M.; Lingnau, G.: Daimler-Benz – Das Unternehmen, Mainz 1986. (Verlag v. Hasse & Koehler)
- Lengert, A.: Carl Jörns – Eine Motorsport-Karriere, Rüsselsheim ohne Jahresangabe. (Adam Opel AG Öffentlichkeitsarbeit)
- von Mende, H.-U.: Styling – automobiles Design, Stuttgart 1979. (Motorbuch Verlag)
- Möser, K.: Geschichte des Autos, Frankfurt/Main 2002. (Campus Verlag GmbH)
- o. V.: Auto – Geschichte – Technik – Bedeutung, Frankfurt 1986. (Verband der Autoindustrie)
- Oswald, W.: Adler Automobile 1900 bis 1945, Stuttgart 1981. (Motorbuch Verlag)
- Rühl, H.: Die Automobilrennen im Taunus, Frankfurt 2004. (Societäts-Verlag)
- Simsa, P.: Dr. Paul Wolff: Pionier der Kleinbildfotografie, 2., überarbeitete Auflage, Rüsselsheim 1989. (Adam Opel AG Öffentlichkeitsarbeit)
- Schmarbeck, W.; Fischer, B.: Alle Opel Automobile, 2. Auflage, Stuttgart 1994. (Motorbuch Verlag)
- Schollenberger, W.: Röhr – Ein Kapitel deutscher Automobilgeschichte, Darmstadt 1996. (Verlag Günter Preuß)
- Stuhlemmer, R.: 85 Jahre Berliner Automobil-Ausstellungen, London 1982. (Dalton Watson Ltd.)
- Wiegersma, F.: Frau und Auto, Amsterdam 1981. (V.O.C.-Angel Books Amsterdam)
- Wiskott, C. T. (1936): Griechenland im Auto erlebt, München 1936. (Verlag F. Bruckmann)
- Wolff, P.: Meine Erfahrungen mit der Leica, Neue Bearbeitung 46.-50. Tausend der Gesamtauflage, Frankfurt am Main 1939. (Breidenstein Verlagsgesellschaft)
- Stern Volkhard: Autobahnschnellverkehr der Deutschen Reichsbahn. (EK-Verlag Freiburg, 2008)
- Stern Volkhard: Automobile der 50er Jahre – Werbegraphiken zwischen 1950 und 1960. (EK-Verlag Freiburg, 2010)

Relevante Zeitschriften und Zeitungen, die zur Recherche eingesehen wurden

- ADAC Motorwelt: Jahresbände 1925 bis 1933.
- Das Auto (1946): 1. Jahrgang (1946), H. 1. (Motorsport GmbH Freiburg i. Br)
- Das Magazin (1925-1933): Jahresbände 1925-1930. (Verlagsgesellschaft m.b.H. Dresden; Giesecke & Devrient Verlag Leipzig; Dr. Eysler & Co. Verlags GmbH Berlin)
- Der Motorwagen (1898-1928): Jahresbände 1898-1928. (Verlag von M. Krayn, Berlin)
- Die Dame (1925-1935): Jahresbände 1925-1935. (Verlag Ullstein, Berlin)
- Die neue Linie (1933-1943): Jahresbände 1933-1943. (Verlag Otto Beyer, Leipzig)
- Motor (1920-1934): Jahresbände 1920-1934. (Verlag Oskar Braunbeck, Berlin)
- Motor Kritik (1930-1942): Jahresbände 1930-1942. (Verlag H. Bechthold, Frankfurt am Main)
- Motor Schau (1941 und 1942): Jahresbände 1941 und 1942. (Motorschau-Verlag, Bln-Charlottenburg)
- Motor und Sport (1929 bis 1943): Jahresbände 1929 bis 1943. (Vogel Verlag, Pössneck)
- Sport im Bild (1924 bis 1930): Jahresbände 1924 bis 1930. (Scherl Verlag Berlin)

Zeichnungen des berühmten Grafikers Bernd Reuters (1901-1958) aus der Sammlung Werner Schollenberger. Reuter-Zeichnungen sind auch im EK-Buch „Automobile der fünfziger Jahre – Werbegraphiken" abgebildet.